Adel Bouallegue

Nouvelle Approche de Calcul des Prises de Terre dans un Volume Fini

Adel Bouallegue

Nouvelle Approche de Calcul des Prises de Terre dans un Volume Fini

Méthode paramétrique pour un calcul économique de la résistance de terre dans les sols multicouches de volumes finis

Presses Académiques Francophones

Mentions légales / Imprint (applicable pour l'Allemagne seulement / only for Germany)
Information bibliographique publiée par la Deutsche Nationalbibliothek: La Deutsche Nationalbibliothek inscrit cette publication à la Deutsche Nationalbibliografie; des données bibliographiques détaillées sont disponibles sur internet à l'adresse http://dnb.d-nb.de.
Toutes marques et noms de produits mentionnés dans ce livre demeurent sous la protection des marques, des marques déposées et des brevets, et sont des marques ou des marques déposées de leurs détenteurs respectifs. L'utilisation des marques, noms de produits, noms communs, noms commerciaux, descriptions de produits, etc, même sans qu'ils soient mentionnés de façon particulière dans ce livre ne signifie en aucune façon que ces noms peuvent être utilisés sans restriction à l'égard de la législation pour la protection des marques et des marques déposées et pourraient donc être utilisés par quiconque.

Photo de la couverture: www.ingimage.com

Editeur: Presses Académiques Francophones est une marque déposée de
Südwestdeutscher Verlag für Hochschulschriften GmbH & Co. KG
Heinrich-Böcking-Str. 6-8, 66121 Sarrebruck, Allemagne
Téléphone +49 681 37 20 271-1, Fax +49 681 37 20 271-0
Email: info@presses-academiques.com

Produit en Allemagne:
Schaltungsdienst Lange o.H.G., Berlin
Books on Demand GmbH, Norderstedt
Reha GmbH, Saarbrücken
Amazon Distribution GmbH, Leipzig
ISBN: 978-3-8381-8881-2

Imprint (only for USA, GB)
Bibliographic information published by the Deutsche Nationalbibliothek: The Deutsche Nationalbibliothek lists this publication in the Deutsche Nationalbibliografie; detailed bibliographic data are available in the Internet at http://dnb.d-nb.de.
Any brand names and product names mentioned in this book are subject to trademark, brand or patent protection and are trademarks or registered trademarks of their respective holders. The use of brand names, product names, common names, trade names, product descriptions etc. even without a particular marking in this works is in no way to be construed to mean that such names may be regarded as unrestricted in respect of trademark and brand protection legislation and could thus be used by anyone.

Cover image: www.ingimage.com

Publisher: Presses Académiques Francophones is an imprint of the publishing house
Südwestdeutscher Verlag für Hochschulschriften GmbH & Co. KG
Heinrich-Böcking-Str. 6-8, 66121 Saarbrücken, Germany
Phone +49 681 37 20 271-1, Fax +49 681 37 20 271-0
Email: info@presses-academiques.com

Printed in the U.S.A.
Printed in the U.K. by (see last page)
ISBN: 978-3-8381-8881-2

REMERCIEMENTS

Je tiens avant tout à remercier Monsieur Mikhaïl JAVORONKOV, Professeur à l'Institut Energétique de Moscou, qui a assuré la direction de ces travaux, pour m'avoir accueilli au sein de son équipe, pour son suivi régulier et ses conseils judicieux, mais surtout pour son amitié et l'aide qu'il a donné.

J'ai eu beaucoup de plaisir à travailler également avec Monsieur Fathi GHODBANE, Professeur à l'école nationale d'ingénieurs de Tunis (ENIT), qui n'a jamais cessé de collaborer pour les bonnes conditions de déroulement de ces travaux. Qu'il trouve ici l'expression de mon profond respect.

Enfin, Je dois beaucoup à Monsieur Hechmi HABBACHI, Ingénieur, et à tout le personnel de la DDI de la société tunisienne d'électricité et du gaz (STEG), ainsi que le personnel du laboratoire de la région du centre à Sousse, dirigé par Monsieur Salem AKKARI.

I

TABLE DES MATIÈRES

III

IV

LISTE DES FIGURES

LISTE DES TABLEAUX

NOMENCLATURES

ITEM	Unité	Description
ANSI	***	American National Standards Institute
BEM	***	Boundary Element Method, Méthode des éléments finis à la frontière
BT	***	Basse Tension
CEM	***	La Compatibilité Electromagnétique
$\vec{D}$	C/m²	Le déplacement électrique
D	m	La distance de séparation entre des piquets en parallèle
D_∞	m	La terre lointaine
DDP	V	Différence De Potentiel
DDP_{op}	V	La valeur optimale de la DDP
D_{op}	m	La valeur optimale de D
FDM	***	Finite Difference Method, Méthode des Différences Finies
FEM	***	Finite Element Method, Méthode des elements Finis
GPR	V	Ground Potential Rise, Le potentiel de la prise
H	m	La profondeur d'une couche de sol
H_a	m	La profondeur du puit artificiel
HF	***	Hautes Fréquences
H_i	m	La profondeur de la ième couche par rapport à la surface du sol
IEEE	***	The Institute of Electrical and Electronics Engineers, Inc.
IEM	***	Impulsion Electromagnétique
I	A	Le courant de défaut injecté à travers la prise de terre vers la terre
J	A/m	La densité linéique de courant
K_r	***	Le coefficient de réduction de la résistance $Kr = R\infty/Rr$
L	m	La longueur du piquet

L_c m Le rayon du volume du sol artificiel

L_h m La longueur sommaire des électrodes horizontales d'une grille de terre

L_p m La longueur du segment conducteur d'indice "p"

LRM *** Low Resistivity Material, Matériaux de faible résistivité

Lv m La longueur des piquets verticaux associés à une grille

MPA *** Méthode Paramétrique Approchée

MPAA *** Méthode Paramétrique Approchée par Approximation VF - VSF

MT *** Moyenne Tension

NEC *** National Electrical Code

NFPA *** National Fire Protection Association

N_c *** Le nombre de couches artificielles

Np *** Le nombre de piquets verticaux

Nt *** Le nombre de puit dont les piquets sont en disposition équilatérale

Nv *** Le nombre de piquets verticaux associés à une grille

PCV *** Principe de Conservation du Volume

R Ω La résistance de la prise de terre

R_0 Ω La résistance de terre d'un piquet

R_{0M} Ω La résistance propre mesurée d'un piquet

R_{0T} Ω La résistance propre calculée théoriquement

R_∞ Ω La résistance de terre lorsque les piquets sont infiniment distant

R_{eqM} Ω La résistance équivalente mesurée d'un groupement de piquets

R_{eqT} Ω La résistance théorique équivalente

R_G Ω La résistance du groupement de piquets en parallèle

$R_{M\infty}$ Ω La résistance équivalente d'un groupement de piquets infiniment distants calculée à partir des valeurs propres mesurées

R_{MPA}	Ω	La résistance de terre obtenue avec la MPA
Rn	Ω	La valeur normalisée de la résistance
R_N	Ω	La valeur normalisée de la résistance de terre
R_{op}	Ω	La valeur optimale de la résistance de terre
R_r	Ω	La résistance calculée pour un rayon r du puit artificiel
$R_{T\infty}$	Ω	La résistance théorique équivalente pour une distance de séparation infinie.
S	m^2	Surface d'occupation de la prise de terre
$S_{i,k}$	m^2	La surface qui sépare deux milieux "i" et "k"
S_{op}	m^2	La valeur optimale de S
STEG	***	Société Tunisienne d'Electricité et de Gaz
SWER	***	Single Wire Earthing Return
U_C	V	La tension de contact
U_P	V	La tension de pas
Ut	V	La tension de tenu au claquage (stress voltage)
V	m^3	Le volume relatif à une couche de terre
V_C	m^3	Volume cylindrique de sol
VF	***	Volume Fini
V_{Nc}	m^3	Le volume sommaire des Nc couches
V_P	m^3	Volume parallélépipédique de sol
VSF	***	Volume Semi Fini
a	m	Coté d'une maille de la grille
a_p	m	Le rayon du segment conducteur d'indice p
a_w	m	Le pas de Wenner
dT	m	Distance entre deux puits de terre
h	m	L'épaisseur de la couche artificielle

h_c^*	m	La profondeur cylindrique transformée par application du PCV
h_p^*	m	La profondeur parallélépipédique transformée par application du PCV
h_w	m	La profondeur d'investigation
k_n	***	Le Ratio
kn_{op}	***	La valeur optimale de kn
k_u	***	Le coefficient d'utilisation
ku_{exp}	***	Le coefficient d'utilisation calculé à partir des résistances mesurées
ku_{op}	***	La valeur optimale de ku
ku_{sim}	***	Le coefficient d'utilisation obtenu par simulation
l	m	La longueur de l'électrode de terre
l_k	m	La longueur du kème segment
lv	m	La longueur des piquets verticaux associés à une grille
m	***	Le nombre de frontières de la prise de terre
n	***	Le nombre de segments des piquets de terre
nc	***	Le nombre de couche
r_0	m	Le rayon de l'électrode de terre
r_a	m	Le rayon du puit artificiel du sol
r_c^*	m	Le rayon du volume cylindrique
r_p^*	m	Le rayon du volume parallélépipédique
t	m	La profondeur d'implantation de l'électrode de terre
tv	m	La profondeur d'implantation de la grille dans le sol
v	V	Le potentiel électrique
v_{0i}	V	Le potentiel propre de la $i^{ème}$ électrode
v_∞	V	Le gradient de potentiel résultant du groupement, infiniment distant
v_G	V	Le potentiel du groupement des piquets
v_i	V	Le potentiel créé par la $i^{ème}$ électrode

v_r	V	Le potentiel créé par la source réelle
v_f	V	Le potentiel créé par la source image
ΔR	Ω	La différence de deux résistances
ΔS	m²	La différence de surfaces
ΔU	V	La DDP
η	C/m²	La densité surfacique de charge
η'	C/m²/V	La densité surfacique de charge, normalisée
ρ	Ω.m	La résistivité électrique
ρ_a	Ω.m	La résistivité du puit artificiel
ρ_e	Ω.m	La résistivité équivalente d'un sol multicouche
ρ_0	Ω.m	La résistivité électrique du sol natif
ρ_1	Ω.m	La résistivité électrique de la couche supérieure d'un sol multicouche
ρ_2	Ω.m	La résistivité électrique de la deuxième couche supérieure d'un sol multicouche
ξ	C/m	La densité de charge linéique
ξ'	C/m/V	La densité de charge linéique normalisée
ε_0	C/V/m	La permittivité électrique

INTRODUCTION GENERALE

INTRODUCTION GÉNÉRALE

Avec le développement des réseaux modernes d'énergie électrique, de grande capacité, de distance de transmission lointaine et avec l'émergence des technologies avancées, la demande de la sécurité, de la stabilité et des opérations économiques du système d'énergie, devient élevée. Un bon système de mise à la terre est l'assurance fondamentale pour garder des opérations sécurisées d'un système d'énergie. Le système de mise à la terre doit assurer que le potentiel de terre à la surface, dû à un défaut de terre ne doit pas mener à la destruction des dispositifs du réseau et assurer que les tensions de pas et de contact ne présentent pas de danger pour les personnes [59].

Pour satisfaire les valeurs limites de sécurité, plusieurs méthodes d'analyse sont utilisées. Ces méthodes sont à la base d'expérimentations, de modèles exactes, de modèles approchés et de modèles empiriques. Les travaux de cette thèse concernent l'étude en régime quasi-statique des prises de terre, dont l'objectif est de résoudre les problèmes relatifs, d'une part à la modélisation des prises de terre dans le cas d'un sol multicouche à volume fini et d'autre part, à l'optimisation de la prise de structure quelconque.

La modélisation consiste à déterminer l'expression du gradient de potentiel aux alentours de la prise de terre, traversée par un courant de défaut et par conséquent, la résistance et la différence de potentiel à la surface du sol. Sur la base de cette modélisation, il est possible de déterminer les caractéristiques optimales de la structure métallique, ainsi que celles des couches constitutives. Les tâches, ainsi soulevées, nécessitent la prise en compte de plusieurs hypothèses simplificatrices, concernant la modélisation du sol.

Dans une structure bicouche, le sol est supposé constitué de deux couches dont on connaît seulement, la profondeur de la couche supérieure et la valeur de la résistivité électrique de chaque couche. Sur le plan radial, le sol est considéré infini et les couches sont dites de volume semi fini. Une telle structure du sol est admit lorsque sur le long du piquet, la résistivité du sol varie d'une façon remarquable, comme dans le cas de terre profonde pour laquelle la longueur du piquet est de quelques dizaines de mètres. Dans ce cas, les expressions du potentiel et de la résistance sont obtenues au moyen de la résolution de l'équation de Laplace.

Avec l'augmentation du nombre de couche, la résolution de l'équation de Laplace ne peut se faire que numériquement: au moyen des différences finies. Le nombre d'équations, qui reflète la capacité mémoire et le temps de calcul, a remis en cause la fiabilité d'une telle approche qui reste limitée pour des applications simples, tant pour l'électrode que pour la structure du sol. Il faudrait donc, chercher des méthodes plus pratiques qui économisent le nombre d'équations et qui prennent en considération des formes plus complexes de l'électrode et du sol. À travers l'exploitation de la BEM dans le domaine de la modélisation des prises de terre, on a pu, d'une part, réduire d'une façon significative le nombre d'équations et par conséquent le temps de calcul et d'autre part, intégrer des formes géométriques plus précises, souvent irrégulières. Dans ce cas, on parle des couches de volume finis, tels que les sols artificiels pour lesquels, un volume de sol est remplacé par un matériaux ou sol de meilleure conductivité.

Récemment, la BEM a été généralisé pour n'importe qu'elle forme des prises de terre, implantées dans un sol multicouche de volume fini. Une telle méthode présente un avantage particulier dans l'intégration des conditions aux limites, aux niveaux des frontières des différentes couches. Néanmoins, le problème de faisabilité de calcul existe encore et présente une vraie contrainte sur l'avancement des travaux de recherche, de développement et d'optimisation des prises de terre. Pour surmonter le problème caractéristique des méthodes numériques utilisées, dans cette thèse on présente une nouvelle méthode de calcul des prises de terre dans le cas de sol multicouche de volume fini. Une telle méthode est basée sur des formules paramétriques approchées, permettant un calcul rapide et menant à une nouvelle aire d'optimisation des prises de terre dans le cas de sol multicouche de volume fini.

Il convient de souligner que des chercheurs et des spécialistes électriciens, physiciens, informaticiens ont remarqués la possibilité de l'application de la programmation parallèle au calcul des prises de terre pour enfin gagner les quelques secondes par rapport à une programmation séquentielle ordinaire. Cependant, le coût des machines « parallèles » utilisées dans ce genre de programmation et leurs disponibilités reste bien limité.

Cette thèse s'inscrit dans le cadre de l'analyse, la modélisation et l'optimisation de l'équipotentialité d'une liaison à la terre. On présente quatre chapitres traitant les objectifs recherchés, dont les résultats peuvent servir à plusieurs intervenants, dans le domaine des prises de terre, tels que les chercheurs, les exploitants des réseaux, les industriels, les particuliers, etc.

Le premier chapitre est réservé à l'étude bibliographique, reflétant l'état des problèmes récemment soulevés dans le domaine de la modélisation et de l'optimisation des prises de terre. Cette étude se situe autour des livres de modélisations des champs électriques ainsi que des publications et conférences récentes. De plus, des consultations faites auprès des exploitants du réseau de la STEG ont permis de s'impliquer dans le vif du sujet et de tracer une stratégie d'analyse aboutissant à des recommandations pratiques.

Puis, dans un deuxième chapitre, on présente une étude expérimentale à travers une centaine de mesures, relevées sur des prises de terre réelles. Les résultats obtenus ont permis la validation des modèles de calcul de la résistance et du gradient de potentiel dans le cas de sol ordinaire. À travers ces résultats, on a pu valider le coefficient d'utilisation d'un groupement de piquets, utilisés en parallèle. Le coefficient d'utilisation est, en fait, l'élément déterminant dans le calcul et l'optimisation des prises de terre dans un sol ordinaire ou multicouche.

Dans le troisième chapitre, sont présentées les contributions au niveau de la modélisation des prises de terre, dans leurs formes les plus complexes. On distingue l'approche numérique utilisant la BEM et une approche paramétrique qui réintègre des formules paramétriques initialement non valables. Cette réintégration est devenue possible avec le nouveau concept, basé sur le dit « Principe de Conservation du Volume ». Ainsi, une nouvelle aire de simulation est réalisée rendant possible l'élaboration de nouveaux travaux d'optimisation.

Enfin, l'optimisation des prises de terre dans un sol quelconque est présentée dans un quatrième chapitre, dans lequel on propose des recommandations pratiques sur la réalisation des sol artificiels. Ainsi, il est possible de justifier le passage entre les différentes techniques des prises de terre, le choix de la structure du sol artificiel lorsqu'il est utilisé et d'optimiser les structures déjà recommandées. L'optimisation prend en compte les limites réelles des couches de volumes finis

CHAPITRE I.

ETAT DE L'ART SUR LES PRISES DE TERRE

I.1. INTRODUCTION

Lorsque les règles pour les premiers systèmes de production et de distribution de l'énergie électrique ont été développées à la fin de 1890 et au début de 1900, les problèmes de mise à la terre étaient le sujet de plusieurs débats "chauds". Les besoins n'étaient pas en accord à ce moment et le résultat final avait des besoins et des règles de mise à la terre considérablement différents, dans les différents pays à travers le monde. Aux Etats Unis, la NEC est publiée pour la première fois en 1897 [77], tandisque, pour la NFC 15-100 et la CEI 364, cette disposition est normative depuis 1923 [44]. La plupart des pays à travers le monde, souvent indépendamment, développaient d'autres versions de codes électriques pour les installations, la sécurité et les problèmes de mise à la terre dans les systèmes électriques. La NEC impose seulement 25 Ω de résistance pour les électrodes installées, tandis que ANSI/IEEE Standard 141 (Red Book) et ANSI/IEEE 142 (Green Book) spécifient une résistance de terre de 1 à 5 Ω [70]. Pour des raisons de sécurité, un grand nombre de fabricants d'équipements recommandent une valeur de 1 Ω dans leurs guides d'installation.

La valeur de la résistance de la prise de terre est en fait, fonction de plusieurs facteurs qui ne sont pas facile à modéliser. Le nombre d'électrodes simples [2-7-8], l'association entre électrodes simples et grille [2-3-47], ainsi que la valeur de la résistivité du sol [31-71] et des couches intervenants [46-47-49-54-68], sont les principaux éléments sur lesquels sont basés les travaux de recherche récents. Par ailleurs, l'effet de la géométrie et de la forme de l'électrode, l'effet de la profondeur, l'effet des conditions climatiques sont bien étudiés des le début de la mise à la terre [12-1-71].

I.2. FACTEURS DETERMINANTS DE LA RESISTANCE DE TERRE

I.2.1. FORME PREFERENTIELLE DES ELECTRODES

L'électrode de terre peut être de formes métalliques diverses : piquets, plaques, grilles etc. Dans l'objectif de se rapprocher de la réalité des choses, on s'intéressera plutôt aux piquets verticaux, comme élément de base de notre étude. Le piquet étant le dispositif le plus utilisé et présente un choix sûr est fiable pour une longue durée [75]. Un piquet de terre en métal non ferreux, telle qu'une tige en acier avec manchon de cuivre, doit avoir un diamètre minimum de 1/2 pouces (12,8 mm) [1]. De telles spécifications permettent une structure de bonne résistance mécanique et suffisamment de métal pour pallier aux pertes dues à la corrosion. Toutefois, le diamètre est de faible importance de point de vue effet sur la résistance entre l'électrode et la terre. Le choix du piquet est aussi validé par la disposition régulière des surfaces équipotentielles, engendrées, successives (figure I.1), contrairement à la forme la plus désavantageuse qui est la sphère [12].

L'augmentation de la surface de contact avec le terrain est parfois nécessaire pour la réduction de la résistance, ou bien à cause de l'échauffement susceptible de se produire sous l'effet d'un fort courant de défaut. Le risque d'un échauffement excessif existe d'autant plus que la résistivité du sol est plus faible. Un tel phénomène peut provoquer le dessèchement et même la vitrification du terrain en contact avec l'électrode, privant alors la prise de terre de toute efficacité. Il en résulte donc, nécessaire de dupliquer le nombre d'électrodes ou bien utiliser des piquets suffisamment longs pour diminuer le courant linéique jusqu'à une valeur acceptable [12].

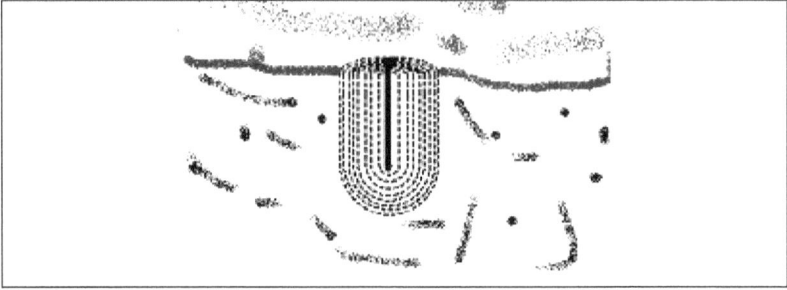

Figure I.1. Cylindres de terre autour d'une électrode verticale.

I.2.2. INFLUENCE DE LA PROFONDEUR D'IMPLANTATION

L'implantation de l'électrode de terre dans les couches inférieures du sol réduit notablement la valeur de la résistance correspondante tel que le cas de la figure I.2, correspondant à deux piquets de diamètre 16 et 19 mm, dans un terrain homogène de résistivité 100 Ω.m [1]. Dans ce cas, on utilise une électrode longue ou dite « profonde ». La réduction de la valeur de la résistance est obtenue grâce aux dimensions de l'électrode et surtout à la faible valeur de la résistivité des couches inférieures. Une telle constatation intervient d'une façon directe dans la modélisation du sol d'une prise de terre donnée.

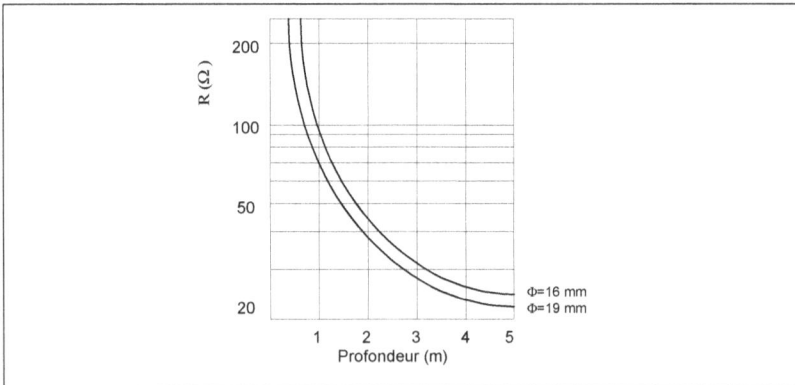

Figure I.2. Variation de la résistance en fonction de la profondeur.

9

I.2.3. CLASSIFICATION DE LA NATURE DES SOLS

Comme le sol n'a pas de matière bien définie, il est nécessaire d'analyser ses caractéristiques, non seulement pour une grande distance depuis l'électrode de terre [58], mais aussi pour des profondeurs significatives [51]. Les travaux pionniers sur les effets de la conduction de la terre peuvent remonter à 1926 [75]. A présent, une analyse détaillée de la structure du sol est possible [10-11] mettant en évidence les différentes résistivités existantes. Néanmoins, le calcul de la résistance de terre néglige les variations minimes de la résistivité du sol et par conséquent, il est intéressant de simplifier la structure du sol en admettant un sol moyen [31-32]. À un niveau donné d'hétérogénéité du sol, une telle simplification est obligatoire à cause du manque d'outils de modélisation théorique.

En fonction de la marge de variation de la valeur de la résistivité relevée, le sol peut être considéré comme uniforme, bicouche, voir tri-couche pour des profondeurs importantes. La nature des couches détectées est identifiée selon la valeur de la résistivité correspondante et inversement, un ordre de grandeur de la résistivité peut être déterminé selon la nature de la couche qu'on dispose. Des mesures sur site sont obligatoires, même si on dispose des tableaux de classification des types de sols. Cette classification est reconnue sous plusieurs approches telles que, le tableau I.1 selon [31], le tableau I.2 selon [12], le tableau I.3 selon [10], le tableau I.4 selon [71] et le tableau I.5 d'après [77]. Ces différentes classifications montrent la grande variabilité de la résistivité du sol.

Tableau I.1. Classification des sols selon [31].

Nature du terrain	ρ (Ω.m)
Terrains marécageux	1 à 30
Limon	20 à 100
Humus	10 à 150
Tourbe humide	5 à 100
Argile plastique	50
Marnes et argiles compactes	100 à 200
Marnes du jurassique	30 à 40
Sables argileux	50 à 500
Sables siliceux	200 à 300
Sols pierreux nu	1500 à 3000
Sol pierreux recouvert de gazon	300 à 500
Calcaires tendres	100 à 300
Calcaires compacts	1000 à 5000
Calcaires fissurés	500 à 1000
Schistes	50 à 300
Micaschistes	800
Granit et grès	1500 à 10000
Granit et grès très altérés	100 à 600

Tableau I.2. Classification des sols selon [12].

Nature du terrain	ρ (Ω.m)
Terre humide et riche en débris végétaux	De 5 à 150
Argile et marno-calcaire	De 10 à 200
Sable et gravier	De 50 à 3000
Galets bloc et silex	De 1000 à 10000 et +

Tableau I.3. Classification des sols selon [10].

Nature du terrain	ρ (Ω.m)
Terrains arables gras, remblais compacts humides	50
Terrains arables maigres, graviers, remblais grossiers	500
Sols pierreux, nus, sables secs, roches perméables	3000

Tableau I.4. Classification des sols selon [71].

Nature du terrain	ρ (Ω.m) Median	Min.	Max.
description 1,2	26	1	50
Topsoil's, loams	33	10	55
Inorganic clays of high plasticity	38	6	70
Fills-ashes, cinders, brine wastes	55	30	80
Salty or clayey fine sands with slight plasticity	65	30	100
Porous limestone, chalk	125	50	200
Clayey sands, poorly graded sand-clay mixtures	140	80	200
Fine sandy or salty clays, salty clays, lean clays	145	40	250
Clay-sand-gravel mixtures	155	10	300
Marls3	300	100	500
Decomposed granites, gneisses4, etc.	300	200	400
Clayey gravel, poorly graded gravel	300	100	500
Salty sands, poorly graded sand-silt mixtures, sands, sandstone	510	20	1000
Gravel, gravel-sand mixtures	800	600	1000
Slates, schist, gneiss, igneous rocks, shale, granites, basalts	1500	1000	2000
Quartzite's, crystalline limestone, marble, crystalline rocks	5500	1000	10000

Tableau I.5. Classification des sols selon [77].

Nature du terrain	ρ (Ω.m)
Loam and garden soils	5 - 50
Clay	25 - 70
Sandy Clay	40 - 300
Wet Concrete	50 - 100
Peat, Marsh or Cultivated	50 - 250
Sand	1000 - 3000
Glacier Rock	300 - 10000
Dry Concrete	2000 - 10000

I.3. FACTEURS D'INFLUENCE ET DE LIMITATION DE LA QUALITE D'UNE PRISE DE TERRE

I.3.1. LA TERRE LOINTAINE

La circulation du courant vers le sol, à travers la prise de terre, génère un potentiel dont le gradient décroît en fonction de la distance, en formant un ensemble de zones équipotentielles concentriques. Les zones constituées, présentent un concept important lors d'un groupement de plusieurs électrodes. En fonction de la distance qui les sépare, leurs «cylindres de terre » peuvent se croiser et établir des effets électriques mutuels, ce qui affecte la qualité de la prise de terre réalisée. Lorsque la distance de séparation augmente, au-delà d'une certaine limite, la résistance relative à chacune des électrodes est pratiquement nulle. Pour une telle distance, il n'existe plus de différence de potentiel entre deux surfaces équipotentielles successives. Ce point correspond à ce qu'on appelle la « terre lointaine » et pour laquelle l'effet mutuel entre les électrodes est négligeable. Cette distance est choisie comme la double longueur du piquet d'après [1-3] et varie de 20 à 45 mètres selon [2] et lorsqu'il s'agit d'une grille, cette distance correspond à, trois à cinq fois la dimension diagonale mesurée à partir de ses bords [53]. Dans le cadre de cette thèse, la terre lointaine est choisie selon des mesures expérimentales présentées au deuxième chapitre [7-86].

I.3.2. EFFETS CLIMATIQUES

Un même sol peut avoir différentes résistivités pour des saisons différentes, à cause des variations de la température et de l'humidité. Ces variations, externes au sol, influent davantage la couche supérieure dont l'épaisseur peut être décidée d'une façon expérimentale. Des travaux d'évaluation de ces effets, tels que [1-12-2-16], sont réalisés dont par exemples les résultats présentés dans les tableaux I.6 et I.7 [1].

Tableau I.6. Effet de l'humidité sur la résistivité.

Contenu en humidité	Résistivité (Ω.cm)	
(% en poids)	Sol organique	Terre argileuse
0	10^6	10^6
2,5	250	150
5	165	43
10	53	18,5
15	31	10,5
20	12	6,3
30	6,4	4,2

Tableau I.7. Effet de la température sur la résistivité (terre argileuse, 15,2% d'humidité).

Température		Résistivité
°C	°F	(Ω/cm)
20	68	7,2
10	50	9,9
0	32 (eau)	13,8
0	32 (glace)	30
-5	23	79
-15	14	330

Ces effets peuvent être relevés sur la période d'une année comme, par exemple, le cas présenté pour la Russie (figure I.3-a) [2] et pour la Tunisie (figure I.3-b) [16].

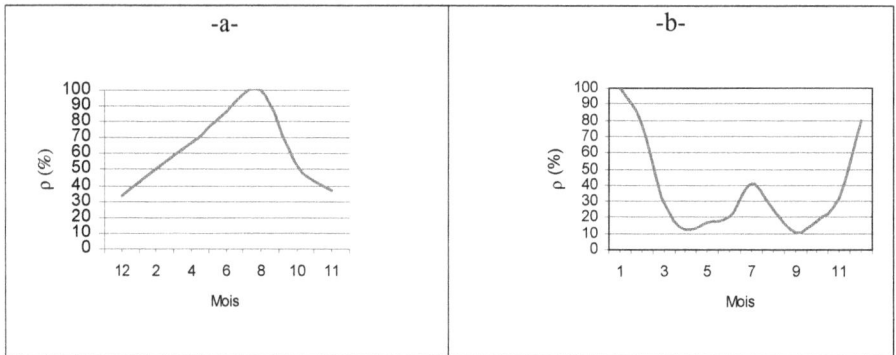

Figure I.3. Variations saisonnières de la résistivité.

Fréquemment, dans la conception traditionnelle du système de mise à la terre, la résistivité mesurée doit être multipliée par un facteur saison pour tenir compte de l'influence du climat [59]. Il en résulte donc, de ces effets, des variations aux niveaux des conditions de sécurité d'une prise de terre menant à la nécessité d'un contrôle périodique de la valeur de la résistance de terre dont la périodicité est spécifiée par les normes [31-71].

I.4. AMELIORATION DE LA QUALITE DES PRISES DE TERRE

Une prise de terre de bonne qualité est une prise qui assure correctement les conditions de sécurité à travers la valeur de sa résistance, devrant satisfaire la norme. L'amélioration de sa qualité, lorsqu'elle est demandée peut être obtenue par réduction de la résistance ou par amélioration de l'équipotentialité. La duplication du nombre de conducteur et l'amélioration de la conductivité du sol réduisent la valeur de la résistance et l'association d'une grille de terre améliore l'équipotentialité.

I.4.1. GROUPEMENT PARALLELE DES ELECTRODES DE TERRE

Le groupement des électrodes est, généralement, réalisé par la mise en parallèle d'électrodes identiques telles que des piquets verticaux [9] ou conducteurs horizontaux [2-3]. Dans tous les cas, la résistance équivalente ne satisfait pas la loi des résistances mises en parallèle mais dépend de la distance qui sépare les électrodes. En fonction de la distance de séparation, on défini un coefficient d'utilisation, k_u, tels que [2-3] ou un « Ratio », k_n, tels que [1-75], mettant en valeur l'effet mutuel entre les électrodes installées. Un tel phénomène est modélisé par une résistance mutuelle par rapport à la terre lointaine [1] et la validation est vérifiée expérimentalement dans le cadre de cette thèse [8]. Le coefficient d'utilisation est au plus égale à l'unité et dans le cas de n piquets, son expression satisfait la relation :

$$k_u = \frac{R_O / n}{R_G} = \frac{1}{n}\frac{R_O}{R_G} = \frac{1}{n}\frac{1/R_G}{1/R_0} = \frac{1}{n}k_n = \frac{k_n}{n} \qquad (I.1)$$

Lorsque des électrodes parallèles (interconnectées) ou voisines (séparées) sont distants d'une distance supérieure à celle de la terre lointaine, leurs effets mutuels sont négligés et le coefficient d'utilisation vaut l'unité. Par ailleurs, il est important d'étudier l'amélioration de la résistance en fonction de la disposition des électrodes, ainsi que le potentiel induit entre les prises de terre voisine. Des résultats importants pour l'optimisation de la disposition des piquets sont présentés dans les figures I.4, [12] et I.5, [1].

16

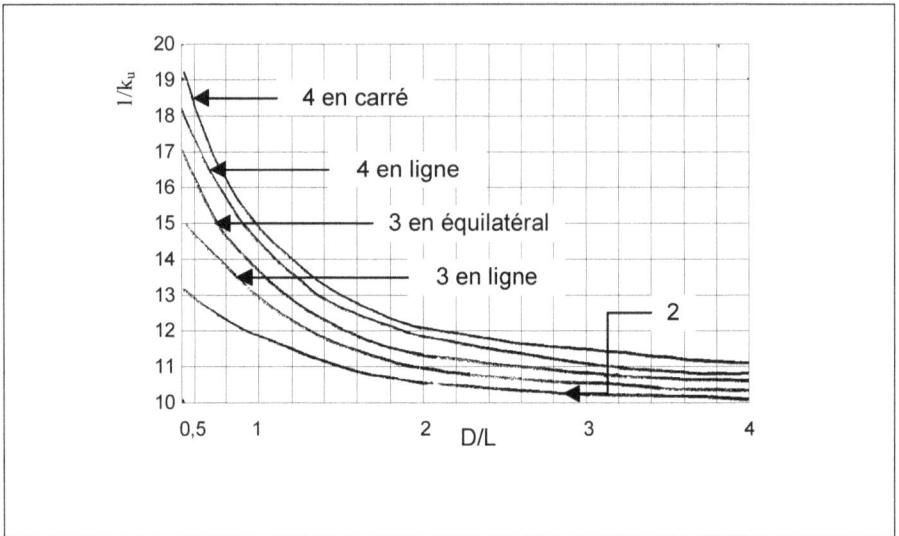

Figure I.4. Groupement de piquets en parallèle suivant diverses configurations.

Ces considérations sont importantes dans la mesure où certaines prises de terre doivent être, expressément, distinctes. C'est-à-dire, présenter entre elles un couplage nul ou en tout cas très faible. C'est par exemple le cas de la terre du neutre ou encore de la terre des masses d'un poste par rapport à celle des masses des installations d'alimentation, faisant l'objet de plusieurs travaux récents [62-67]. Dans ces travaux, on compare les performances des différents schémas de liaison du neutre à la terre [19-20-24-13], en évaluant la transmission des potentiels de défaut cotés MT et BT [23] et en analysant la répartition du potentiel autour des supports métalliques. Tous ces travaux confirment le concept de la terre lointaine pour la séparation des prises de terre.

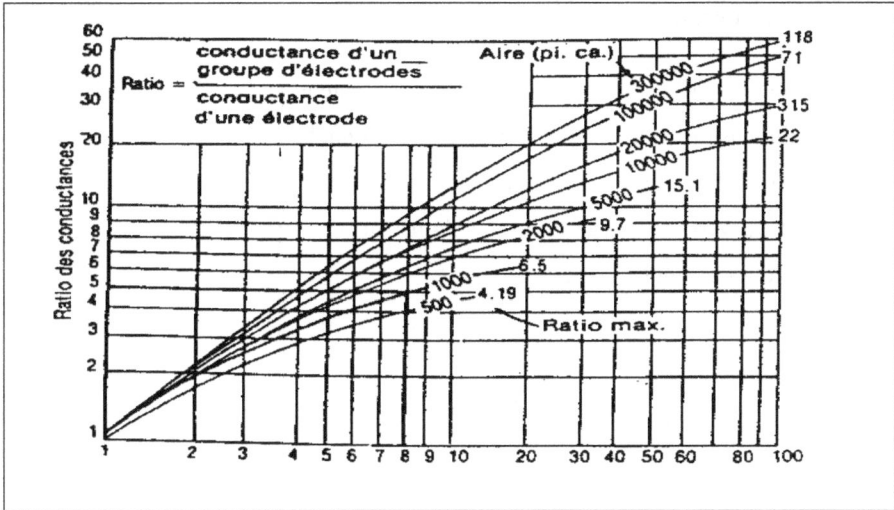

Figure I.5. Optimisation du nombre de piquets (n) dans une surface donnée.

I.4.2. AMELIORATION DE L'EQUIPOTENTIALITE

La pratique dominante pour un système de terre dans la plupart des installations est l'utilisation des grilles auxquelles sont associés des piquets de terre verticaux. Les conducteurs horizontaux permettent la réduction de la tension de pas et de la tension de contact, à la surface de sol. Tandisque les piquets verticaux pénètrent en profondeur où la résistivité du sol est plus faible que celle à la surface. L'analyse des grilles de terre, associées à des piquets verticaux permet le calcul de la résistance de terre, l'évaluation des différences de potentielles à la surface et l'optimisation du nombre de conducteurs utilisés [25-47-72-75-76].

I.4.3. AMELIORATION DE LA CONDUCTIVITE DU SOL

Pour des valeurs extrêmes de la résistivité du sol, la réduction de la valeur de la résistance n'est possible que par l'amélioration de la conductivité du sol. Ainsi, on remplace un volume du sol natif par un matériau bon conducteur ou un autre type de sol de faible résistivité. Les méthodes utilisées, varient selon plusieurs techniques dont aucune n'est imposée par la norme. Elles présentent des solutions intuitives et aucune formulation théorique exacte n'est fournie.

De telles solutions, de sol artificiel, présentent la particularité de volume fermé de dimensions finies, remettant en cause les quelques modèles utilisés dans le cas de volume semi fini. La disposition des volumes ajoutés peut être à stratification horizontale ou verticale, avec un seul volume ou plusieurs volumes. La figure I.6 illustre quelques exemples de réalisation [1].

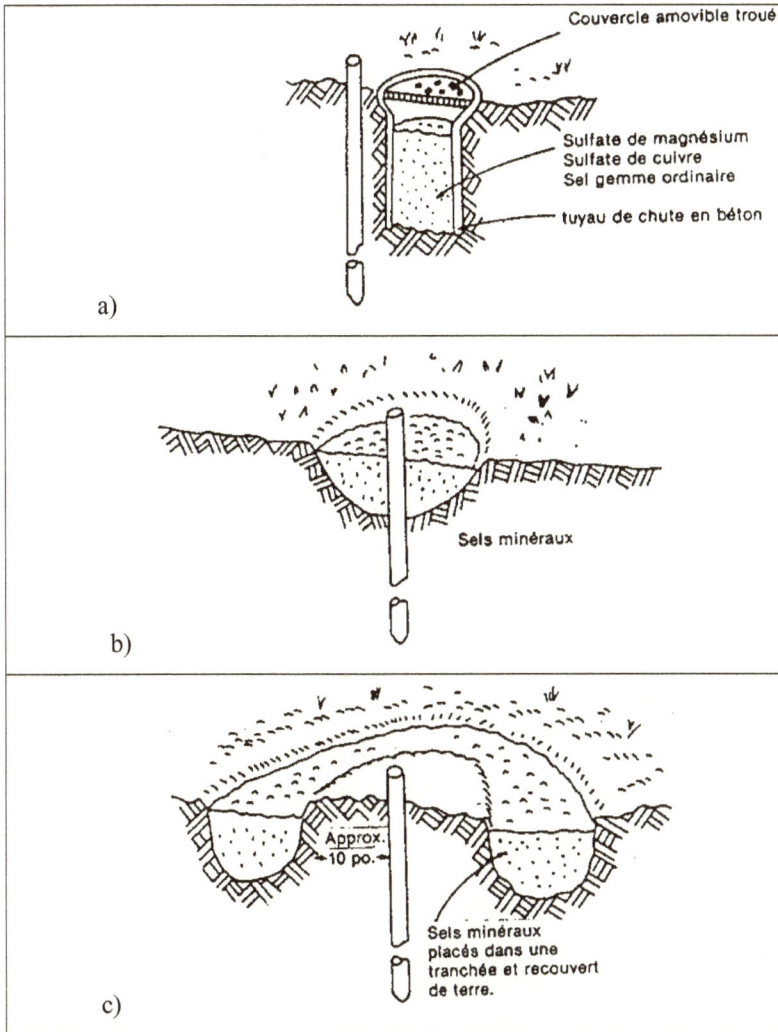

Figure I.6. Réalisation du sol artificiel d'après la méthode : (a) du réservoir, (b) du bassin, (c) de la tranchée.

I.5. MODELISATION DES PRISES DE TERRE

La modélisation des prises de terre consiste à chercher un modèle théorique de calcul du gradient de potentiel en fonction de la distance, à la surface du sol. Le modèle, de type analytique ou numérique, permet le calcul du potentiel en chaque

20

point de la surface du sol. Par conséquent, il est possible de calculer le GPR et les différences de potentiel entre deux points quelconques, permettant d'obtenir la valeur de la résistance, de la tension de pas et de la tension de contact. Par contre, la modélisation du sol dépend du nombre de couches constitutives, tel que le modèle monocouche, bicouche, multicouche, à volume fini ou à volume semi fini.

Depuis les années 60, plusieurs méthodes et procédures d'analyse et de conception des prises de terre ont été proposées, dont la plupart sont basées sur l'expérimentation, sur des travaux semi empiriques ou des idées intuitives. Ces techniques représentaient des améliorations importantes dans le domaine d'analyse des prises de terre. Néanmoins, la résolution de quelques problèmes a été reporté tels que la nécessité de grand calcul, les résultats peu réalistes avec l'augmentation du nombre de conducteurs et l'incertitude dans la marge des erreurs [53].

I.5.1. MODELE DE SOLS MONOCOUCHES

Dans ce cas, la modélisation des prises de terre est largement traitée et sa validation ne dépend que de la précision de la valeur de la résistivité choisie. La validation expérimentale est reprise dans le cadre de cette thèse, pour le cas de prise à électrode simple et à électrodes multiples.

I.5.2. MODELE DE SOLS BICOUCHES

L'analyse des prises de terre dans un sol bicouche est largement analysée dans la dernière décennie. L'analyse paramétrique, par résolution de l'équation de Laplace [17] et en utilisant la méthode des images [30], fournie l'expression du gradient de potentiel et de la résistance dans le cas ou le volume des couches est semi fini [2-45]. L'analyse est faite aussi pour chercher une équivalence entre un sol bicouche et un sol monocouche tel que [3-87]. De même des cas de figure réels sont étudiés tel que, [81] qui traite une électrode toroïdale dans un sol bicouche.

I.5.3. MODELE DE SOLS MULTICOUCHES

Une telle structure représente plusieurs situations réelles, pour lesquelles, une légère hétérogénéité peut avoir une influence majeure sur le potentiel de terre, telles que :

1. Aux niveaux des centrales hydrauliques où la mise à la terre de la station de production incluse un bâtiment à béton dont les piquets sont étendus dans l'eau de la rivière [55] ;

2. Lorsque le béton est utilisé pour remplacer partiellement ou totalement la surface du sol d'un poste avec plusieurs couches ;

3. Le traitement chimique qui est parfois appliqué au sol entourant la prise de terre dans le but d'améliorer la conductivité électrique : cas des barrages hydroélectriques pour lesquels une grille de terre placée sur une couche de roches avec quelques éléments conducteurs étendus à la rivière ;

4. Les fondations en béton, qui sont largement examinées sur la base de résultats de mesures [10-52], etc.

L'analyse des prises de terre avec le modèle de sol multicouche peut remonter aux années 80 et constitue encore, l'objet de plusieurs travaux de recherche récents. Au début, avec l'analyse paramétrique il n'était pas possible de traiter les cas pour lesquels le nombre de couche est supérieur à deux. Il en résulte des modèles approchés pour déterminer la résistivité équivalente à un sol homogène, ou bien pour calculer le gradient de potentiel. La formule approchée présentée par [3] est validée analytiquement pour un nombre de couche quelconque. Les couches ainsi considérées, sont supposées de dimensions radiales infinies et à disposition horizontale. Une telle structure peut exister dans des projets réels, mais ignore la structure multicouche des sols artificiels de dimensions finies.

Par la suite, avec le développement des outils de calcul numérique, à la fin des années 80, on a exploité la méthode des éléments finis [26-48], en se rapprochant davantage des formes des couches réellement utilisées. Avec cette méthode, on a pu maîtriser les différentes formes géométriques, aussi bien pour les couches que pour les électrodes, toutefois, le volume de calcul demandé, en temps et mémoire, présentait une limitation directe de cette méthode.

Ensuite, avec la BEM [52-55], on a pu alléger le volume de calcul, en réduisant le nombre de maillage et par conséquent le nombre d'équation, d'une façon remarquable. Malheureusement, la contrainte du volume de calcul reste toujours dominante [56], surtout lorsque le nombre de couche et le nombre de conducteur augmentent.

Enfin, l'exploitation des modèles de sol équivalent reste toujours abordable et le développement des modèles décrivant toutes les variations de la conductivité du sol ne sont jamais fournis, ni de point de vue économique ni de point de vue technique [53]. Le modèle équivalent représente une approche plus pratique et encore parfaitement réaliste lorsque la conductivité est sensiblement non uniforme avec la profondeur. Cette approche réside dans la considération de la stratification du sol en un nombre de couches horizontales. Donc, chaque couche est définie par une épaisseur appropriée et une conductivité scalaire apparente qui doit être obtenue expérimentalement.

I.5.4. MODELE DE SOLS A VOLUME FINI

Souvent, la recherche des résistivités électriques limites est effectuée selon la profondeur en déterminant l'épaisseur relative à chaque couche. Cependant, à la surface du sol et selon un plan radial, la résistivité est supposée constante et les variations sont négligées. Il en résulte que les dimensions transversales (épaisseurs) des couches soient négligeables devant les dimensions radiales et les conditions aux limites relatives aux équations du potentiel sont incomplètes. Une telle approximation peut être valable si les variations radiales sont détectées au-delà de la terre lointaine, le cas spécifique pour la majorité des sols ordinaires. Contrairement, lorsqu'il s'agit

23

d'un volume fini par rapport à la terre lointaine, présentant une résistivité autre que celle du sol ordinaire, les conditions aux limites doivent être établies et prises en compte pour toutes les frontières séparant les deux sols.

Le volume fini ajouté, peut être de forme quelconque et le développement d'un modèle générale est nécessaire. L'analyse des prises de terre dans un sol de volume fini fut commencée à partir des années 90 avec le modèle de volume hémisphérique (Figure I.7) [78]. Le modèle de sol à volume cylindrique est apparu en 2000 pour la première fois [55] dans lequel on traite le modèle cylindrique vertical (Figure I.8) et le modèle demi cylindrique horizontal (Figure I.9) au moyen de la BEM. En 2002 cette approche est généralisée pour une prise et un volume de forme quelconque [52].

Malgré les nettes améliorations de la modélisation à l'aide de la BEM, son implémentation logicielle, pour des cas réels tel que le sol artificiel multicouche, reste très limitée et la recherche d'autres issus semble importante.

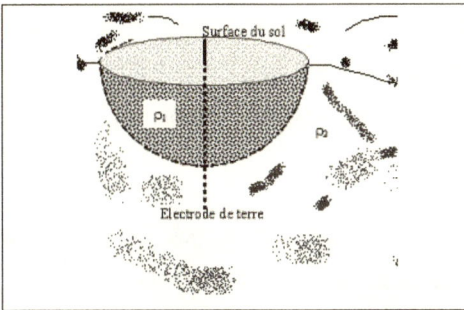

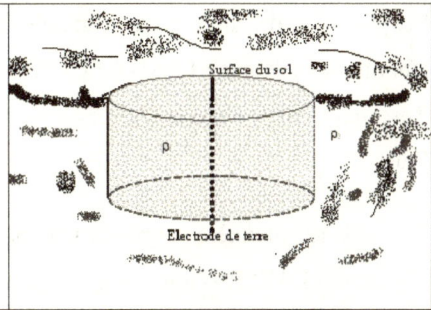

Figure I.7. Modèle de sol hémisphérique. Figure I.8. Modèle de sol cylindrique.

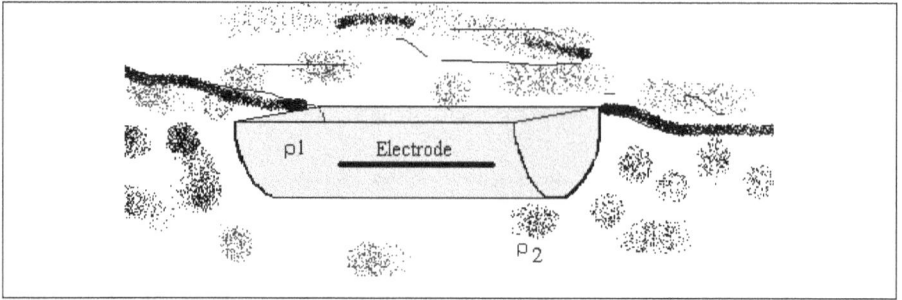

Figure I.9. Modèle de sol demi cylindrique.

I.5.5. EXPLOITATION DE LA PROGRAMMATION PARALLELE

L'application des techniques de programmation hautes performances dans le domaine des systèmes électriques est bien avancée. Particulièrement, la programmation parallèle présente des perspectives très prometteuses dans le cas d'un calcul volumineux. Elle est utile pour la résolution des problèmes à grand nombre de variables, qui est une condition défavorable pour les approches séquentielles de programmation. Cette nouvelle approche a bien motivé les chercheurs pour l'exploitation des algorithmes parallèles dans les applications de génie électrique. Les laboratoires tels que : LPAD (High Performance Processing Lab), UFMG (Lightning Research Center, Federal University of Minas Gerais – Brazil), en donnent l'exemple [56].

Une première implémentation parallèle était développée en 2001, au laboratoire LATER (Grounding and Interferences Lab), dans laquelle la construction de la matrice des coefficients du potentiel est parallélisée. Les premiers résultats obtenus, prouvent que l'emploi du parallélisme est réellement capable d'augmenter les performances de calcul par rapport à la programmation séquentielle ordinaire. Le tableau I.8 montre la différence au niveau de la valeur de « Speedup » tel que : Speedup= (temps d'exécution séquentiel)/(temps d'exécution parallèle), tel qu'il est présenté par [56].

25

Tableau I.8. Valeurs du temps de traitement, T (s) et du Speedup, S.

Taille de la matrice traitée	Programmation Séquentielle	Programmation Parallèle		
		2 procédures	3 procédures	4 procédures
50	T=65	T=33 S=1,97	T=24 S=2,75	T=22 S=2,95
100	T=163	T=82 S=1,99	T=57 S=2,83	T=53 S=3,08
200	T=658	T=330 S=1,99	T=229 S=2,87	T=207 S=3,18
300	T=1085	T=563 S=1,92	T=390 S=2,78	T=340 S=3,19
500	T=15525	-	-	T=4349 S=3,57

I.6. OPTIMISATION DES PRISES DE TERRE

L'optimisation des prises de terre consiste à, réduire le coût d'installation par réduction du nombre d'éléments constitutifs et à augmenter ses performances en choisissant la bonne technique de disposition. D'une part, cela revient à comparer les différentes techniques de disposition des électrodes de terre, tels que [1-7-86] et d'évaluer le coefficient d'utilisation correspond à chaque type de groupement des électrodes, tels que [2-12-8]. D'autre part, il est nécessaire d'élaborer les différentes caractéristiques de dépendance de la performance de la prise en fonction du volume, de la résistivité, des dimensions et du nombre des couches utilisées. Par conséquent, il est possible de choisir :

1. Le nombre des électrodes ;
2. La disposition des électrodes ;
3. Le volume total du sol artificiel ;

4. Le nombre de couche du sol artificiel ;

5. Les dimensions des couches ajoutées ;

6. Le rapport des résistivités des couches ajoutées…

De même, lorsqu'on dispose de plusieurs solutions, il est possible de justifier le choix selon la valeur du coefficient d'utilisation pour une valeur donnée de la résistivité du terrain. Avec les performances existantes, limitées à des applications de sol bicouche, il est impossible de satisfaire les points susmentionnés !

I.7. CONCLUSION

Les techniques des prises de terre sont multiples et diffèrent d'un pays à l'autre et d'une région à une autre. La valeur normalisée de la résistance de la prise se réfère toujours au problème de sécurité du corps humain comme finalité primordiale. Pour satisfaire cette condition, plusieurs paramètres sont mis en jeux dont le plus important est la résistivité du sol correspondant. Selon la valeur de la résistivité, l'analyse et la conception de la prise sont fortement influencées de point de vue coût et complexité des modèles de calcul. C'est la forme de l'électrode de terre et le nombre de couches du sol utilisé qui soulèvent ces difficultés.

La modélisation des prises simples dans un sol homogène est très répandue dans la littérature. Actuellement, c'est le modèle de sol multicouche qui représente la préoccupation des chercheurs en faveur de la modélisation, l'optimisation et la simulation. Ces finalités peuvent être bien traitées avec l'analyse des modèles de sol multicouche dans un volume finie ainsi que l'optimisation de la conception et du temps de calcul.

CHAPITRE II.

ANALYSE ET EXPERIMENTATION DES PRISES DE TERRE DANS UN SOL ORDINAIRE

CHAPITRE II. ANALYSE ET EXPERIMENTATION DES PRISES DE TERRE DANS UN SOL ORDINAIRE

II.1. INTRODUCTION

Le sol ordinaire est un sol naturel, dit aussi sol natif et peut présenter différents composants chimiques et géologiques, signifiants son hétérogénéité. Dans une approche moyenne d'évaluation de sa résistivité, il peut être modélisé par un sol monocouche, bicouche ou multicouches. Le facteur dont dépend le choix du modèle est la profondeur de la prise de terre. Dans le cas des électrodes, non profondes et de faibles longueurs, leurs dimensions sont supposées négligeables par rapport à celles de la couche supérieure et par conséquent, le sol est supposé homogène de dimensions infinies. Sa résistivité moyenne est déterminée à l'aide des mesures expérimentales, réalisées autour de la prise réelle.

L'analyse expérimentale des prises de terre dans un sol homogène constitue un moyen de validation des modèles théoriques correspondants. Les modèles ainsi validés permettent la validation des modèles relatifs aux sols multicouches et cela au moyen de la validation analytique. L'analyse expérimentale des prises de terre dans un sol multicouche est aussi valable pour la validation, mais elle présente des difficultés matérielles et techniques, de réalisation. La validation analytique est obtenue lorsque les résultats, en considérant des couches de mêmes résistivités, convergent vers les résultats relatifs à un sol homogène.

Dans la première partie de ce chapitre, on commence par la présentation des formules de calcul des prises de terre de formes simples, multiples et composées. La prise est dite simple lorsqu'elle constituée d'une seule électrode. Lorsque la prise est constituée de plusieurs électrodes de même type, comme par exemple des piquets verticaux parallèles, elle est dite prise multiple. Si la forme et la disposition des électrodes constituants la prise sont de différents types, cas d'une grille avec ou sans piquets verticaux, la prise est dite composée. La deuxième partie est consacrée à la présentation de l'étude expérimentale réalisée sur des prises simples et multiples constituées d'un groupement parallèle de piquets verticaux. À travers cette étude, on cherche la validation expérimentale du coefficient d'utilisation et les différents facteurs qui l'influent et pouvant contribuer à l'optimisation des prises de terre. Enfin et concernant les grilles de terre (prise composée), on se réfère aux références bibliographiques [3-45] qui présentent des résultats expérimentaux réalisés sur des grilles de terre de différents cas.

II.2. ANALYSE DES PRISES DE TERRE DANS UN SOL ORDINAIRE

Généralement, La prise de terre est implantée dans le sol à une profondeur relativement faible et la surface externe du sol influe sur le comportement du champ électrique en déformant ses lignes à cause du changement énorme de la résistivité (Figure II.1). Par conséquent, pour déterminer l'expression du potentiel généré par la prise, on utilise la méthode des images [3] dont le plan de symétrie est la surface du sol.

Avec la méthode des images, le potentiel à un point quelconque, représente la somme de deux potentiels résultants respectivement des courants qui circulent dans la prise réelle et ceux circulant dans la prise fictive (son image) tel que :

$$v = v_r + v_f \qquad \text{(II.1)}$$

Une telle expression permet d'établir l'expression du gradient de potentiel à la surface du sol et aux alentours de la prise de terre où le risque des différences de potentiel existe. Il est possible donc d'évaluer le potentiel de la prise (GPR), la tension de contact (U_C), la tension de pas (U_P) et la résistance de terre (R).

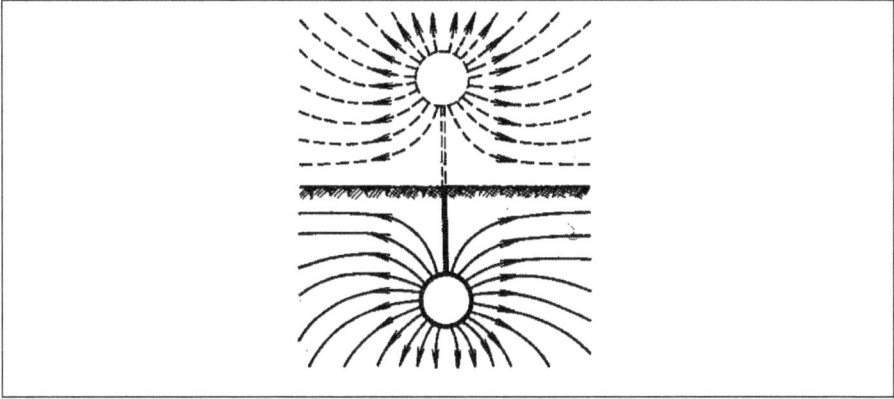

Figure II.1. La prise réelle avec son image fictive par rapport à la surface de sol.

II.2.1. ETUDE D'UNE PRISE SPHERIQUE

A des dimensions faibles, la forme sphérique est assimilée à une source ponctuelle de courant électrique et représente une forme de base pour la décomposition des différentes formes de l'électrode de terre. Dans l'exemple de la figure II.2, au point C, le potentiel résultant est tel que :

$$v = \rho\frac{I}{4\pi.m} + \rho\frac{I}{4\pi.n} = \frac{\rho.I}{4\pi}\left(\frac{1}{n} + \frac{1}{m}\right) \qquad (\text{II.2})$$

En coordonnées cartésiennes, on a :

$$v = \frac{I.\rho}{4\pi}\left(\frac{1}{\sqrt{x^2 + y^2}} + \frac{1}{\sqrt{x^2 + (2t - y)^2}}\right) \qquad (\text{II.3})$$

À la surface du sol (point D), où $m = n = \sqrt{x^2 + t^2}$, l'expression II.2 devient :

$$v = \frac{I.\rho}{2\pi}\frac{1}{\sqrt{x^2 + t^2}} \qquad (\text{II.4})$$

Le potentiel à la surface de la prise, le GPR, est obtenu pour $x=r_0$ et $y=0$ tel que :

32

$$GPR = \frac{I.\rho}{4\pi}\left(\frac{1}{r_0} + \frac{1}{\sqrt{r_0^2 + 4.t^2}}\right) \qquad \text{(II.5)}$$

En négligeant r_0 par rapport à t, on a :

$$GPR \approx \frac{I.\rho}{4\pi.r_0}\left(1 + \frac{r_0}{2.t}\right) \qquad \text{(II.6)}$$

En divisant par la valeur du courant électrique, on obtient l'expression de la résistance de la prise de terre, soit:

$$R = \frac{GPR}{I} \approx \frac{\rho}{4\pi.r_0}\left(1 + \frac{r_0}{2.t}\right) \qquad \text{(II.7)}$$

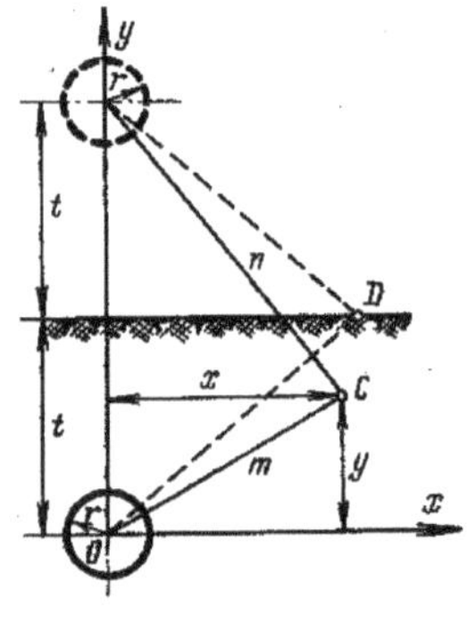

Figure II.2. Prise sphérique de profondeur t avec son image.

II.2.2. APPLICATION A UN PIQUET VERTICAL

On se propose de déterminer les expressions du gradient de potentiel et de la résistance relatifs à un piquet vertical dont la disposition est présentée à la figure II.3. Le piquet est décomposé en une série d'électrodes sphériques de diamètre dy, le long de sa longueur.

Dans chaque sphère élémentaire, circule un courant vers la terre, dI tel que :

$$dI = \frac{I}{l} dy \qquad (\text{II.8})$$

Le potentiel élémentaire dv au point M est obtenu en remplaçant dI par la relation (II.8) et m par $\sqrt{x^2 + y^2}$, dans (II.2) :

$$dv = \frac{I.\rho}{2.\pi.l} \frac{dy}{\sqrt{x^2 + y^2}} \qquad (\text{II.9})$$

Sur le long du piquet, on a :

$$v = \frac{I.\rho}{2.\pi.l} \int_0^l \frac{dy}{\sqrt{x^2 + y^2}} = \frac{I.\rho}{2.\pi.l} . Ln \frac{\sqrt{x^2 + l^2} + l}{x} \qquad (\text{II.10})$$

À la surface du piquet, on a $x = r_0$ et :

$$GPR = \frac{I.\rho}{2.\pi.l} . Ln \frac{\sqrt{r_0^2 + l^2} + l}{r_0} \qquad (\text{II.11})$$

En négligeant le rayon r_0 devant la longueur l, l'équation (II.11) devient :

$$GPR = \frac{I.\rho}{2.\pi.l} . Ln \frac{2l}{r_0} \qquad (\text{II.12})$$

D'où l'expression de la résistance :

$$R = \frac{\rho}{2.\pi.l}.Ln\frac{\sqrt{r_0^2 + l^2} + l}{r_0} \approx \frac{\rho}{2.\pi.l}.Ln\frac{2l}{r_0} \qquad \text{(II.13)}$$

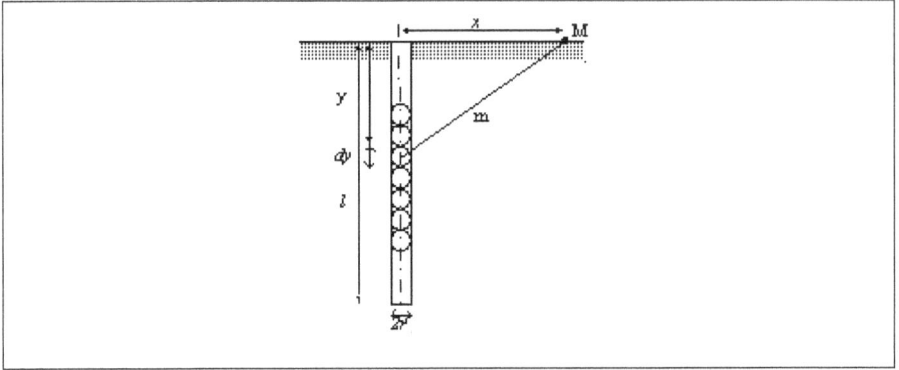

Figure II.3. Décomposition d'un piquet en éléments simples.

Avec le même principe de calcul, basé sur l'équation (II.2) et (II.7), il est possible de déterminer l'expression de la résistance des autres formes usuelles des prises de terre. Les expressions de la résistance de quelques types de prises simples, disponibles en [2], montrent que la résistance due à la circulation du courant de défaut ne dépend pas seulement des propriétés du sol, mais aussi de la forme et des dimensions géométriques de l'électrode.

II.2.3. PRISE DE TERRE MULTIPLE

Pour réduire la valeur de la résistance, on augmente la surface de contact entre la partie métallique et le sol, tout en assurant une bonne qualité du contact. Le groupement parallèle des électrodes est souvent la solution retenue, permettant la réduction de la résistance et la réduction des différences de potentiel.

II.2.3.1. Calcul de la résistance d'une prise multiple

La résistance équivalente d'une prise multiple s'exprime en fonction du nombre d'électrodes, de la résistance propre de l'électrode et de la distance qui les sépare. Lorsque la distance est suffisamment grandes, la résistance équivalente du groupement, notée dans ce cas R_∞, est déterminée par la formule ordinaire de n résistances actives mises en parallèle, telle que :

$$R_\infty = 1/\sum_1^n \frac{1}{R_0} = \frac{R_0}{n} \qquad (\text{II.14})$$

Pour des distances de séparation faibles, un effet mutuel des zones de circulation des courants engendrés par les électrodes dans le sol, augmente la densité de courant et par conséquent une augmentation de la chute de tension. Ce phénomène est équivalent à une diminution de la section du sol traversé par le courant et engendre une augmentation des résistances propre de chaque électrode, donc une augmentation de la résistance totale de la prise. Dans ce cas, la résistance équivalente du groupement est telle que :

$$R_0 = \frac{R_\infty}{k_u} \qquad (\text{II.15})$$

k_u, étant un coefficient inférieur à l'unité et sans dimension qui caractérise la diminution de la conductance de la prise et l'augmentation de la résistance équivalente par rapport à sa valeur minimale R_∞. Dans le cas général, la résistance de la prise de terre multiple est exprimée par la relation suivante :

$$R_G = \frac{1}{k_u \sum_1^n \frac{1}{R_0}} \qquad (\text{II.16})$$

Lorsque les électrodes sont identiques on a :

$$R_G = \frac{1}{k_u} \frac{R_0}{n} \qquad (\text{II.17})$$

II.2.3.2. Le coefficient d'utilisation (k_u)

Dans une prise multiple, le potentiel en un point donné est la somme des potentiels induits par les électrodes du groupement. En fonction du nombre de piquets et de leur disposition dans le sol, la valeur du potentiel sommaire varie d'un point à l'autre et d'un piquet à l'autre. Dans un groupement de n piquets, le potentiel du groupement est tel que :

$$v_G(M) = \sum_1^n v_i(M) \qquad (\text{II.18})$$

Et

$$GPR = \max[v_G(M)] \qquad (\text{II.19})$$

Dans un cas général, les piquets présentent des gradients de potentiels différents et le potentiel au niveau de chacune d'elles n'est pas forcément le même. Le potentiel propre à un piquet (v_{0i}) est calculé à sa surface dont la valeur dépend de sa position et du nombre des piquets intervenants. Lorsque les piquets sont identiques, ils sont traversés par les mêmes courants et les gradients du potentiel sont analogues. Cependant, le gradient du potentiel sommaire par rapport à ceux des piquets, dépend de la distance de séparation du groupement. Lorsque la distance de séparation est relativement faible, le potentiel sommaire présente des différences significatives par rapport aux potentiels particuliers à cause de la superposition de ces derniers à des valeurs non négligeables. La figure II.4 en donne un exemple pour un groupement de trois piquets disposés en équilatérale de 0,3 mètre de distance et dont la longueur est de 2 mètres. En particulier, dans ce cas les potentiels propres sont les mêmes pour les trois piquets. Ceci n'est pas vérifié si les piquets ne sont pas équidistants comme le montrent les courbes de la figure II.5.

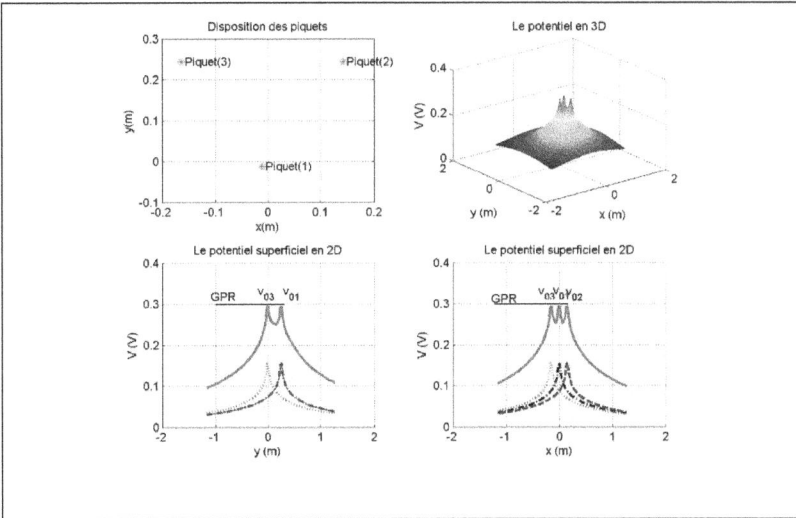

Figure II.4. Répartition régulière à faible distance.

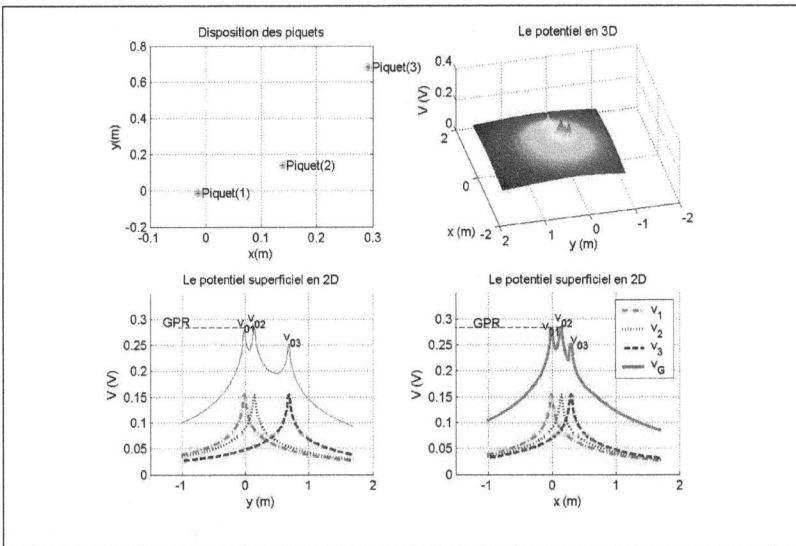

Figure II.5. Répartition irrégulière à faible distance.

Pour des distances de séparation infinies, chaque électrode est indépendante de l'influence des électrodes voisines et la courbe du potentiel sommaire rejoint celles des potentiels particuliers, comme par exemple les courbes de la figure II.6.

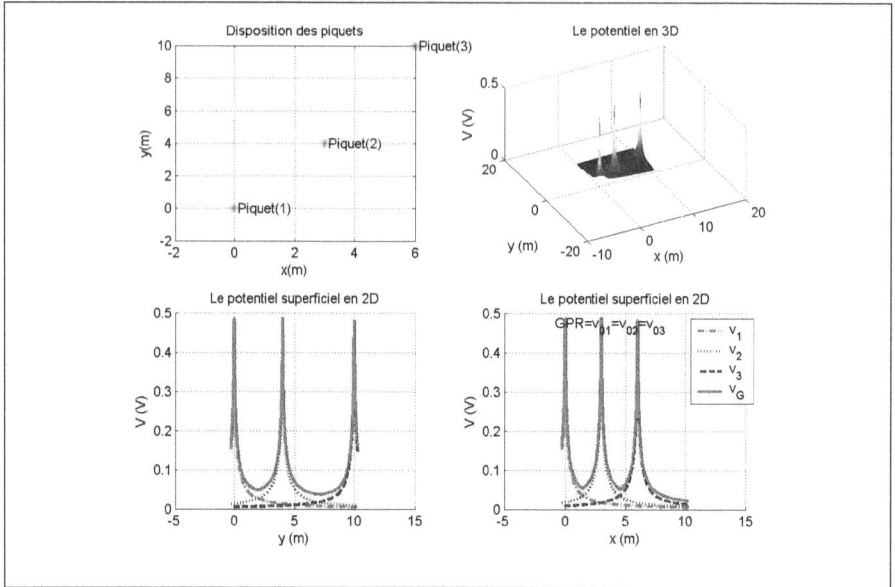

Figure II.6. A une distance élevée, v_G est comparable aux v_i.

Dans ce cas, le terme exprimant le potentiel induit est nul et l'expression (II.18) devient :

$$v_G = v_\infty = v_0 \tag{II.20}$$

Ou bien,

$$v_\infty = R_{0,1}.I_1 = R_{0,2}.I_2 = \cdots = R_{0,n}.I_n \tag{II.21}$$

Où I_i, est le courant traversant la $i^{\text{ème}}$ électrode de résistance propre $R_{0,i}$.

Si les électrodes sont identiques, elles sont traversées par les mêmes courants et on a :

$$GPR = v_G = v_\infty = R_0.I / n \tag{II.22}$$

L'influence mutuelle entre les électrodes d'une prise multiple est évaluée en fonction du coefficient d'utilisation (§I.4.1) pouvant être exprimé en fonction des potentiels tel que :

39

$$k_u = \frac{R_\infty}{R_G} = \frac{v_\infty}{GPR} \tag{II.23}$$

En utilisant les formules (II.18) et (II.19), l'expression (II.23) devient :

$$k_u = \frac{v_\infty}{\max\left[\sum_1^n v_i(M)\right]} \tag{II.24}$$

En particulier, lorsque les électrodes sont identiques, on applique la relation (II.21) dans (II.24) et l'expression du coefficient d'utilisation devient :

$$k_u = \frac{v_0 / n}{\max \sum_1^n v_i(M)} \tag{II.25}$$

En général, pour n piquets identiques de coordonnées (x_i, y_j), la distance entre deux piquets "i" et "j" est telle que :

$$r = \sqrt{(x_i - x_j)^2 + (y_i - y_j)^2} \tag{II.26}$$

Soit :

$$k_u = \frac{Log(2.l / r_0)}{\max \sum_1^n Log \dfrac{\sqrt{(x_i - x_j)^2 + (y_i - y_j)^2 + l^2} + l}{\sqrt{(x_i - x_j)^2 + (y_i - y_j)^2}}} \tag{II.27}$$

Il est à remarquer que le maximum qu'on cherche dans l'expression du coefficient d'utilisation nécessite la discrétisation bidimensionnelle de la surface d'implantation des piquets. Sachant que ce maximum coïncide avec le rayon de l'un des piquets, il faut soigneusement choisir le pas de discrétisation, évitant des valeurs infinies à l'intérieur du diamètre de l'un des piquets. Par ailleurs, le GPR est erroné ainsi que la valeur de la résistance et le coefficient d'utilisation.

II.2.4. CAS DES GRILLES DE TERRE

Les grilles de terre représentent un plan de masse équipotentiel, assurant la protection contre les différences de potentiel dangereuses. Elles sont utilisées dans les postes électriques, dans les bâtiments industriels ou d'habitation et surtout dans les locaux relativement sensibles aux interférences électromagnétiques comme, par exemple, les salles opératoires, les laboratoires d'essais et de mesure etc. La grille est souvent associée à des piquets verticaux enfoncés dans le sol pour réduire son potentiel par rapport à la terre.

II.2.4.1. Résistance d'une grille associée à des piquets verticaux

La résistance d'une grille horizontale avec des cellules carrées de mêmes dimensions et avec des électrodes verticales uniformément réparties sur le contour (figure II.7-a), est calculée par la formule suivante [3]:

$$R = A \frac{\rho}{\sqrt{S}} + \frac{\rho}{L_h + n.l_v} \qquad (II.28)$$

Où, A est un coefficient dont la valeur est telle que :

$$\begin{cases} A = 0,444 - 0,84.t_{vr} \\ A = 0,385 - 0,25.t_{vr} \end{cases} \text{si} \begin{cases} 0 \le t_{vr} \le 0,1 \\ 0,1 \le t_{vr} \le 0,5 \end{cases} \qquad (II.29)$$

Avec,

$$t_{vr} = \frac{l_v + t_v}{\sqrt{S}} \qquad (II.30)$$

La formule (II.28) peut être généralisée à n'importe quelle grille dont la position des piquets verticaux est non ordonnée telle que le cas de la figure II.7-b. Dans ce cas, la grille est équivalente à une grille de la figure II.7-a de même surface, même longueur sommaire des électrodes horizontales, même nombre et longueur des électrodes verticales ainsi que la même profondeur dans le sol.

41

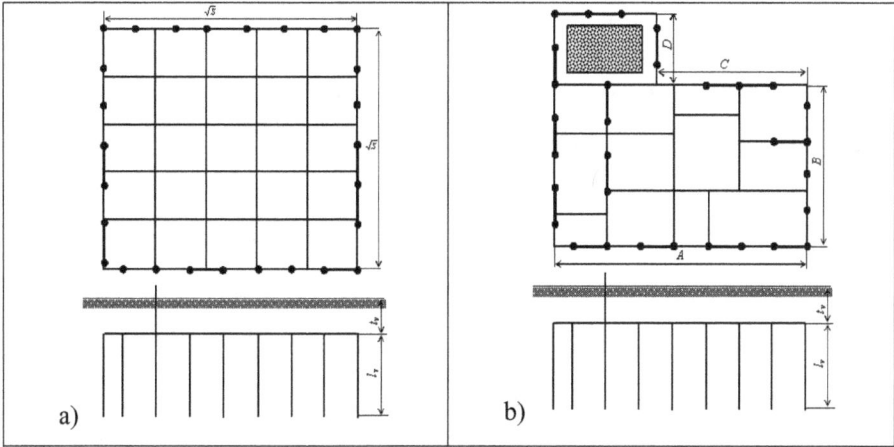

Figure II.7. Prise composée dans un sol homogène.

II.2.4.2. Calcul de la tension de contact

La tension de contact est exprimée en fonction du potentiel de la prise telle que :

$$U_C = \alpha.(GPR) \qquad\qquad (II.31)$$

Où α est un coefficient, appelé coefficient de la tension de contact ou le coefficient de contact. Pour une prise de terre composée d'une grille carré horizontale avec des cellules carrés de même dimensions et d'électrodes verticaux distribuées sur le contour d'une manière homogène, le coefficient de contact est déterminé par la relation suivante [3]:

42

$$\alpha = \frac{0,5}{\left(\dfrac{l_v . L_h}{a.\sqrt{S}}\right)^{0,45}} \qquad\qquad (II.32)$$

Avec : $a = 4.\dfrac{\sqrt{S}}{n}$.

II.2.4.3. Cas des grilles de terre dans un sol bicouche

Lorsque la grille est implantée dans un sol constitué de deux couches, l'expression de la résistance de la prise est équivalente à celle (II.28), en remplaçant la résistivité ρ par celle équivalente ρ_e telle que [3] :

$$\rho_e = \rho_2 (\rho_1 / \rho_2)^k \qquad\qquad (II.33)$$

Avec,

$$\begin{cases} 0,1 \leq \rho_1 / \rho_2 \leq 1 \Rightarrow k = 0,32\left(1 + 0,26.Log\left(\dfrac{h}{l_v}\right)\right) \\[3mm] 1 \leq \rho_1 / \rho_2 \leq 10 \Rightarrow k = 0,43\left(1 + 0,272.Log\left(\dfrac{a.\sqrt{2}}{l_v}\right)\right) \end{cases} \qquad (II.34)$$

h, étant l'épaisseur de la couche supérieure et l_{vr} est tel que :

$$l_{vr} = \frac{h - t_v}{l_v} \qquad\qquad (II.35)$$

II.3. ETUDE EXPERIMENTALE

Dans cette partie on présente les résultats de mesures, effectuées sur des prises de terre réelles de différentes configurations. La réalisation de ces prises de terre, rentre dans le cadre des travaux de cette thèse et à partir de laquelle, on présente une centaine de mesures expérimentales. Les mesures sont effectuées à l'aide d'un appareil numérique de mesure de la résistance et de la résistivité de terre. Pour la mesure de la résistivité du sol, on a utilisé la méthode de Wenner à quatre piquets

[71] et pour la mesure de la résistance de la prise, on a utilisé la méthode en ligne dite de 62% à trois piquets [71].

Dans la réalisation des prises, on a utilisé des piquets ronds de diamètre 17 millimètres et de longueur 1 mètre environ. Les travaux de mesure sont réalisés à l'aide de 17 piquets et sur un terrain normal, d'environ 1500 m² de superficie. La disposition des piquets est réalisée en plusieurs formes, selon la technique simple ou multiple de la prise considérée. On distingue la disposition alignée, rectangulaire et équilatérale. Les mesures correspondantes, concernent la résistivité du sol, la résistance propre des piquets et la résistance du groupement, pour enfin, calculer la valeur expérimentale du coefficient d'utilisation.

II.3.1. MESURE DE LA RESISTIVITE MOYENNE

La méthode utilisée est celle de Wenner avec « a_w » la distance de Wenner, h_w la profondeur d'investigation et R la résistance mesurée. Dans le tableau II.1, on présente les valeurs mesurées de la résistivité en fonction de a_w.

Tableau II.1. Mesure de la résistivité du terrain.

	a_w (m)	R (Ω)	$h_w = 2 a_w/3$ (m)	$\rho = 2\pi R.a_w$ (Ω.m)
1	33,75	0,02	22,5	4,24
2	21	0,49	14	64,65
3	15	1,01	10	95,19
4	9	0,91	6	51,46
Résistivité moyenne				53,89

Lorsque la distance de Wenner augmente, la profondeur d'investigation augmente aussi, permettant l'identification du sol à une profondeur plus importante. Pour les valeurs choisies de a_w, on a exploré le sol à une profondeur de 6 à 22,5 mètres environ. Une telle marge en profondeur explique celle de la résistivité mesurée dont la valeur moyenne renseigne sur une couche superficielle équivalente, de type : terrain végétal (§I.2.3). En fait, la classification des types de sol n'est pas aussi précise mais, c'est la valeur qui importe le plus, puisqu'elle intervient directement dans le calcul de la valeur de la résistance de la prise de terre.

II.3.2. MESURE DES RESISTANCES PROPRES

Les piquets de terre sont implantés verticalement d'une façon alignée, avec une distance de séparation D≈L=1 mètre. Il s'agit de mesurer la résistance propre, R_{0M}, de chaque piquet. Étant donné que les piquets sont identiques, les résistances propres sont théoriquement égales.

II.3.2.1. Résultats expérimentaux

Les mesures sont effectuées sur 18 points différents, répartis selon la même direction que celle utilisée pour la mesure de la résistivité. Les valeurs obtenues sont présentées dans le tableau II.2.

Tableau II.2. Valeurs mesurées des résistances propres.

D/L	0	1	2	3	4	5	6	7	8
R_{0M} (Ω)	65,3	70,50	87,1	123,7	115,2	124,1	110,8	109,6	53,2
D/L	9	10	11	12	13	14	15	16	17
R_{0M} (Ω)	45,1	38,5	52,5	58,4	40,8	38,2	49,9	108,1	119,5

Les résultats expérimentaux présentent une variation significative de la valeur de la résistance propre du même piquet pour différents points d'implantation. Ces valeurs varient autours d'une valeur moyenne de 76,43 Ω.

II.3.2.2. Interprétation

Dans des conditions idéales de mesure, à l'égard de la qualité du sol, la résistance mesurée du même piquet peut varier pour des endroits différents. Cette variation est limitée et ne dépend que de la variation superficielle de l'homogénéité du sol. Dans les conditions réelles de déroulement de ces mesures, plusieurs facteurs ont contribués à une telle variation « énorme » de la résistance. Le facteur principal touche à la mauvaise qualité de contact entre le piquet, de faible longueur et le sol. Pour des conditions climatiques normales, une faible longueur du piquet correspond à la couche du sol la moins rigide et la plus résistive. Il est intéressant de ne pas confondre la variation de la résistivité superficielle avec les résultats du tableau II.1. Pour cela, la valeur moyenne de la résistivité doit être révisée en fonction des variations de la résistance. La nouvelle valeur est déterminée suite à une nouvelle analyse géo-électrique du terrain.

II.3.3. ESTIMATION DE LA RESISTIVITE REELLE

II.3.3.1. Étude de la variation de la résistance en fonction de la distance

On se propose d'évaluer la valeur de la variation de la résistance pour des distances fixes. Dans le tableau II.3, on présente ces variations pour les piquets distants de L, 2L, 3L et 4L. Ces variations sont calculées selon les résultats du tableau II.2. Avec 18 piquets, il est possible d'évaluer la variation correspondante à :

- 17 pas de longueur égale à 1L ;
- 16 pas de longueur égale à 2L ;
- 15 pas de longueur égale à 3L ;
- 14 pas de longueur égale à 4L.

Les résultats, avec leurs valeurs moyennes, sont récapitulés dans le tableau II.3, et à partir desquelles, on remarque que les variations croient avec le pas, signifiant une variation réelle dans la valeur de la résistivité.

Tableau II.3. Variation de la résistance entre deux points successifs de distance D.

D/L	1	2	3	4	5	6	7	8	9
1	13,5	8,3	36,6	8,5	8,9	13,3	1,2	56,4	8,1
2	21,8	44,9	28,1	0,4	4,4	14,5	57,6	64,5	14,7
3	58,4	36,4	37,0	12,9	5,6	70,9	65,7	71,1	0,7
4	58,8	32,0	22,5	70,5	70,1	85,6	58,3	51,2	12,4
D/L	10	11	12	13	14	15	16	17	Moyenne
1	6,6	14,0	5,9	17,6	2,6	11,7	58,2	11,4	16,6
2	7,4	19,9	11,7	20,2	9,1	69,9	69,6		28,7
3	13,3	2,3	14,3	8,5	67,3	81,3			36,4
4	6,9	11,4	55,6	61,1					45,9

II.3.3.2. Calcul de la résistivité

La résistance d'une prise de terre est proportionnelle à la valeur de la résistivité du terrain, il est possible donc d'un point de vue expérimental, de déduire la valeur de la résistivité à partir des résistances mesurées. En effet, la répartition des piquets sur le plan radial, reflète le comportement correspondant de la résistivité superficielle, plutôt qu'en profondeur, du terrain. L'estimation de la nouvelle valeur de la résistivité est réalisée en utilisant la formule (II.13) de la résistance d'un piquet vertical. Dans le tableau II.4, on calcule les valeurs de la résistivité ρ, relatives à chaque valeur du tableau II.2.

Tableau II.4. Calcul de la résistivité à partir des relevées expérimentales de R0M.

D/L	0	1	2	3	4	5	6	7	8
$R_{0M}(\Omega)$	65,3	78,82	87,1	123,7	115,2	124,1	110,8	109,6	53,2
$\rho(\Omega.m)$	75,1	90,6	100,2	142,3	132,5	142,7	127,4	126,0	61,2
D/L	9	10	11	12	13	14	15	16	17
$R_{0M}(\Omega)$	45,1	38,5	52,5	58,4	40,8	38,2	49,9	108,1	119,5

$\rho(\Omega.m)$	51,9	44,3	60,4	67,2	46,9	43,9	57,4	124,3	137,4

La valeur moyenne de la résistivité calculée à partir des valeurs mesurées de R_{0M} est de 90,65 $\Omega.m$. Cette valeur correspond à la valeur extrême du tableau II.1 (95,2) et c'est la valeur à adopter dans les programmes de simulation.

II.3.4. ZONE D'INFLUENCE D'UNE PRISE SIMPLE –TERRE LOINTAINE

La terre lointaine est l'équivalent à une distance pour laquelle l'influence d'une prise de terre active est négligeable. Dans le cadre des travaux de mesure actuels, il est possible d'estimer sa valeur en évaluant l'influence mutuelle entre deux piquets. D'autant plus l'influence mutuelle est importante, d'autant plus le coefficient d'utilisation est faible. Dans cette section, on présente les résultats de mesures effectuées sur une prise multiple, composée de deux piquets parallèles dont la distance est variable. Dans chaque cas, la mesure de la résistance est effectuée lorsque la prise est constituée du premier piquet seul, du deuxième piquet seul et des deux piquets interconnectés. Le coefficient d'utilisation est calculé à partir des résistances mesurées, selon la formule (II.23).

II.3.4.1. Résultats de mesures

Dans le Tableau II.5, on représente les résultats de mesures de la résistance du premier piquet (R_{0M1}), du deuxième piquet (R_{0M2}), de deux piquets interconnectés (R_{eqM}) avec les valeurs correspondantes de $R_{M\infty}$ et de ku_{exp}.

Tableau II.5. La résistance mesurée de deux piquets à distance variable.

D/L	1	2	3	4	5	6	7	8
R_{0M1}				65,3				
R_{0M2}	87,1	123,7	115,2	124,1	110,8	109,6	53,2	45,1
R_{eqM}	41,4	41,9	45,2	43,9	42,3	44,8	29,8	27,4
$R_{M\infty}= R_{0M2}// R_{0M1}$	37,3	42,7	41,7	42,8	41,1	40,9	29,3	26,7

$ku_{exp}= R_{M\infty}/ R_{eqM}$	0,9	1,0	0,9	1,0	1,0	0,9	1,0	1,0
D/L	9	10	11	12	13	14	15	16
R_{0M1}	65,3							
R_{0M2}	38,5	52,5	58,4	40,8	38,2	49,9	108,1	119,5
R_{eqM}	24,5	29,7	32,1	25,8	25,1	28,9	41	47,6
$R_{M\infty}= R_{0M2}// R_{0M1}$	24,2	29,1	30,8	25,1	24,1	28,3	40,7	42,2
$ku_{exp}= R_{M\infty}/ R_{eqM}$	1,0	1,0	1,0	1,0	1,0	1,0	1,0	0,9

II.3.4.2. Résultats de simulations

Avec la simulation, on reprend le calcul théorique des grandeurs mesurées relatives au tableau II.5 et les résultats de simulation obtenus sont présentés au tableau II.6.

Tableau II.6. La résistance simulée de deux piquets à distance variable.

D/L	1	2	3	4	5	6	7	8
R_{0T1}	78,82							
R_{0T2}	78,82							
R_{eqC}	42,90	41,78	41,20	40,85	40,61	40,44	40,31	40,22
$R_{T\infty}$	39,41							
ku_{sim}	0,92	0,94	0,96	0,96	0,97	0,97	0,98	0,98
D/L	9	10	11	12	13	14	15	16
R_{0T1}	78,82							
R_{0T2}	78,82							
R_{eqC}	40,14	40,07	40,02	39,97	39,93	39,90	39,87	39,84
$R_{T\infty}$	39,41							
ku_{sim}	0,98	0,98	0,98	0,99	0,99	0,99	0,99	0,99

II.3.4.3. Synthèse des résultats

Dans la figure II.8, les courbes des résistances équivalentes, calculées et mesurées, présentent des zones de rapprochement et des zones d'éloignement. Les valeurs théoriques présentent une légère variation en fonction de la distance, mais celles mesurées varient en fonction de la résistivité locale à chaque point de mesure.

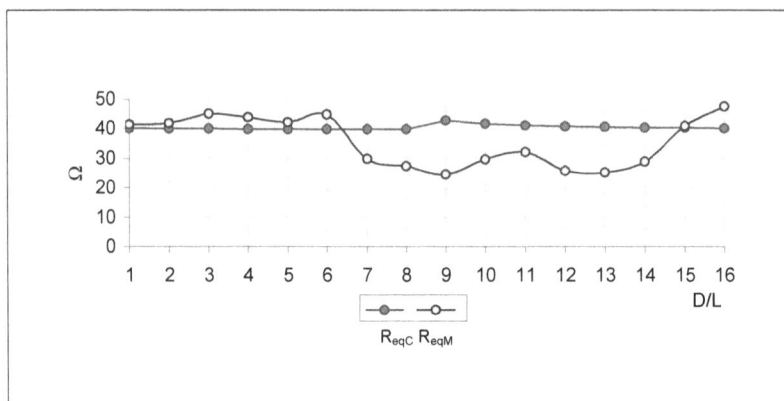

Figure II.8. Comparaison des valeurs théoriques et expérimentales de la résistance équivalente en fonction de la distance entre deux piquets.

Dans la figure II.9, on trace les courbes relatives aux valeurs mesurées des résistances R_{eqM} et $R_{M\infty}$. Les deux courbes présentent une première valeur commune à la distance D=2L, puis à D=4L et pour D≥7L. À la valeur où les deux courbes se superposent définitivement, la distance correspond à la terre lointaine. Dans ce cas, le choix de la terre lointaine à D=2L [71] est un choix acceptable mais à D=4L l'influence mutuelle est encore plus réduite. Les courbes des résultats théoriques, données à la figure II.10, présentent une variation plus régulière et leur superposition est théoriquement à l'infinie. Enfin, dans la figure II.11, on présente les courbes relatives aux coefficients d'utilisation qui présentent des valeurs comparables en fonction de la distance.

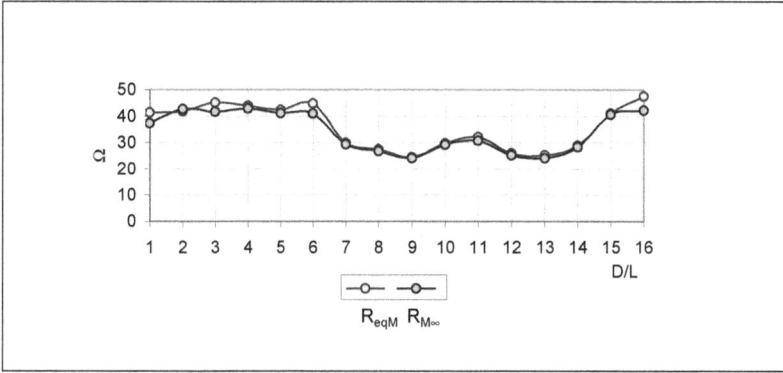

Figure II.9. Résistances expérimentales en fonctions de la distance entre deux piquets.

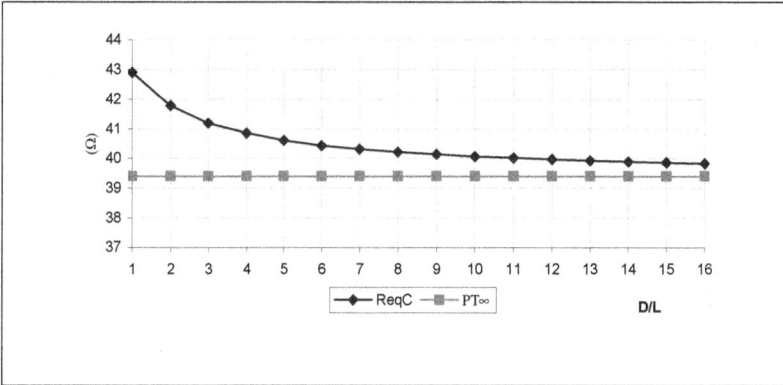

Figure II.10. Résistances simulées en fonctions de la distance entre deux piquets. ∞

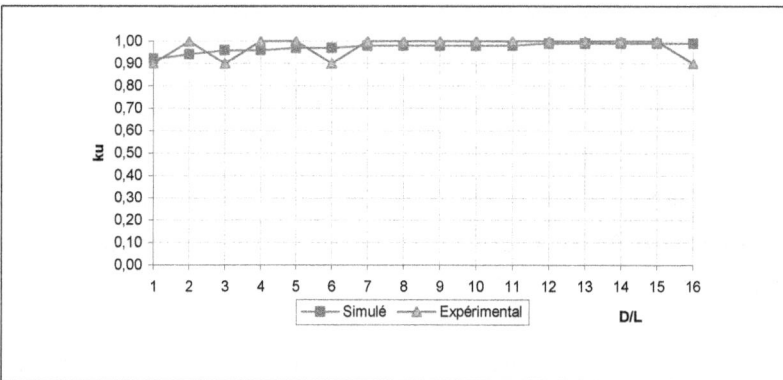

Figure II.11. Estimation de l'influence mutuelle à partir du coefficient d'utilisation.

II.3.5. ETUDE DES DIFFERENTES TECHNIQUES DE DISPOSITION DES PIQUETS

Le coefficient d'utilisation représente le critère principal d'une exploitation optimisée d'un groupement parallèle de piquets. Il dépend dans sa valeur de la distance et du nombre des électrodes utilisées. Les électrodes peuvent être réparties selon plusieurs techniques dont la disposition et la surface d'occupation changent. Dans cette section on présente les résultats relatifs à une disposition alignée, rectangulaire et équilatérale.

II.3.5.1. Disposition alignée

Les piquets, de nombre n, sont répartis d'une façon alignée selon une distance D. Les résultats de mesures de la résistance du groupement sont présentés dans le tableau II.7. Les cases non remplies signifient que le matériel disponible ne permet pas leurs réalisations.

Tableau II.7. Valeurs mesurées de la résistance des piquets alignés, R_{eqM} (Ω).

n	2	3	4	5	6	7	8	9	10	11	12	13	14	15	16	17
D=L	36,4	30,0	25,3	22,0	19,3	16,8	13,8	11,8	10,2	9,4	8,8	8	7,4	7,1	6,9	6,7
D=2L	40,9	31,4	24,4	16,8	13,7	11,2	9,9	9,5	-	-	-	-	-	-	-	-
D=3L	38,5	28,1	17,1	13	12,0	-	-	-	-	-	-	-	-	-	-	-

Les résultats obtenus vérifient la chute de la valeur de la résistance du groupement en fonction du nombre de piquet et de la distance qui les sépare. A titre d'exemple, lorsque les piquets sont alignés, la résistance est la même pour trois cas différents (cases colorées en rouge) : (n=7;D=L), (n=5;D=2L) et (n=4;D=3L). Il est intéressant d'économiser 3 piquets mais à condition que la surface correspondante soit disponible.

En utilisant les valeurs des résistances propres du tableau II.2 et les résultats du tableau II.7, il est possible de calculer le coefficient d'utilisation expérimental dont les valeurs sont présentées dans le tableau II.8.

Tableau II.8. Coefficient d'utilisation expérimental des piquets alignés, ku$_{exp}$ (%).

n	2	3	4	5	6	7	8	9	10	11	12	13	14	15	16	17
D=L	94	89	86	84	82	83	79	75	71	67	65	63	59	57	29	29
D=2L	95	94	96	91	87	82	79	77	-	-	-	-	-	-	-	-
D=3L	99	100	95	89	88	-	-	-	-	-	-	-	-	-	-	-

Les résultats obtenus montrent que le coefficient d'utilisation dépend à la fois du nombre et de la distance séparant les piquets. À une distance constante, il diminue avec l'augmentation du nombre de piquets. Par contre, pour un nombre de piquets donné, il augmente lorsque la distance augmente aussi. Pour confirmer les résultats obtenu, on présente dans le tableau II.9, respectivement tableau II.10, les résultats de simulation relatifs à la résistance du groupement, respectivement le coefficient d'utilisation pour les mêmes cas de disposition des piquets.

Tableau II.9. Valeurs simulées de la résistance des piquets alignés, R$_{eqT}$ (Ω).

n	2	3	4	5	6	7	8	9	10	11	12	13	14	15	16	17
D=L	45,8	30,6	22,9	18,3	15,3	13,1	11,5	10,2	9,2	8,3	7,6	7,1	6,6	6,1	5,7	5,4
2L	42,9	28,6	21,5	17,2	14,3	12,3	10,7	9,5	8,6	7,8	7,2	6,6	6,1	5,7	5,4	5,1
3L	41,8	27,9	20,9	16,7	13,9	11,9	10,5	9,3	8,4	7,6	7,0	6,4	6,0	5,6	5,2	4,9

Tableau II.10. Simulation du coefficient d'utilisation des piquets alignés, ku$_{sim}$ (%).

n	2	3	4	5	6	7	8	9	10	11	12	13	14	15	16	17
D= L	86	75	71	66	64	61	59	58	57	56	55	54	53	52	52	51
2L	92	85	82	78	77	75	74	73	72	71	69	69	69	68	67	67
3L	94	89	87	85	83	82	81	79	79	78	78	77	76	76	75	70

Les résultats de simulation sont en accord avec les résultats expérimentaux comme le montrent les figures II.12 et II.13, dans lesquelles on présente les courbes de la résistance et du coefficient d'utilisation pour les différents cas.

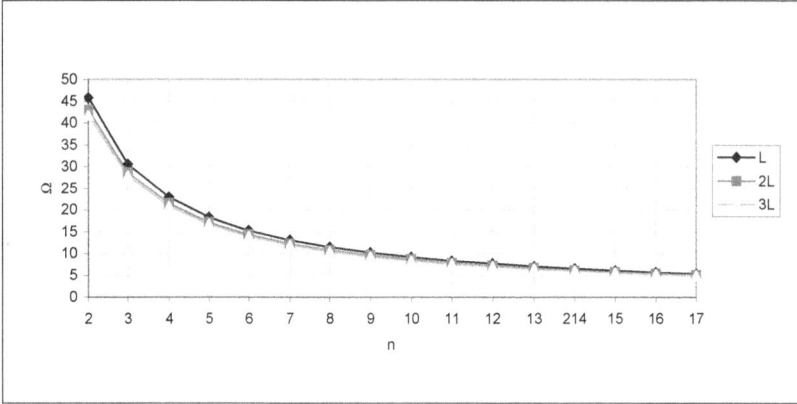

Figure II.12. Simulation de la résistance équivalente d'un groupement aligné.

D'après les courbes, la valeur de la résistance varie en fonction du nombre de piquets et en fonction de la distance. Par exemple, en regardant les valeurs correspondantes à n=4, la résistance est réduite à 94% en augmentant la distance de L correspondant à un ajout d'une distance totale de (4-1)×L=3×L. Pour la même valeur de la résistance, elle est réduite à 80% en ajoutant un piquet (n=5). Concernant le coefficient d'utilisation, la seule façon de l'améliorer pour réduire la résistance est d'augmenter la distance de séparation.

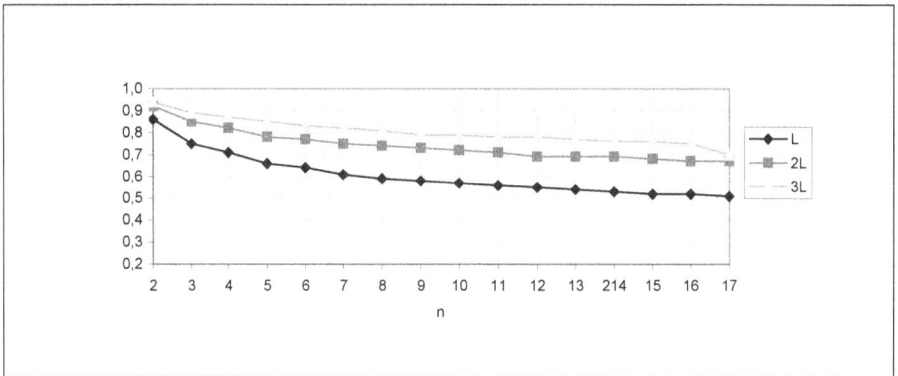

Figure II.13. Simulation du coefficient d'utilisation d'un groupement aligné.

II.3.5.2. Disposition équilatérale

Dans ce cas, les piquets sont au nombre de trois et présentent les trois sommets d'un triangle équilatéral. Les résultats de mesure présentés, ainsi que les résultats de simulation sont donnés aux tableaux II.11 et II.12.

Tableau II.11. Résultats de mesures en disposition équilatérale.

D	R_{0M1} (Ω)	R_{0M2} (Ω)	R_{0M3} (Ω)	R_{eqM} (Ω)	$R_{M\infty}$ (Ω)	ku_{exp} (%)
L/2	62,8	49,5	49,7	23,3	16,825	72
L	52,8	60,2	70,7	24,8	20,13	81

Tableau II.12. Résultats de simulations en disposition équilatérale.

D	R_{0T1} (Ω)	R_{0T2} (Ω)	R_{0T3} (Ω)	R_{eqT} (Ω)	$R_{T\infty}$ (Ω)	ku_{sim} (%)
L/2	78,8	78,8	78,8	38,8	26,3	68
L				33,1		79

Malgré la différence entre les valeurs mesurées et simulées des résistances, on remarque la convergence des valeurs du coefficient d'utilisation. Aux niveaux des résultats de simulation, on remarque une réduction de 15% de la résistance lorsqu'on double la distance de séparation des piquets.

II.3.5.3. Disposition rectangulaire

La disposition est choisie selon la figure II.14, pour laquelle on garde une distance régulière entre deux piquets successifs.

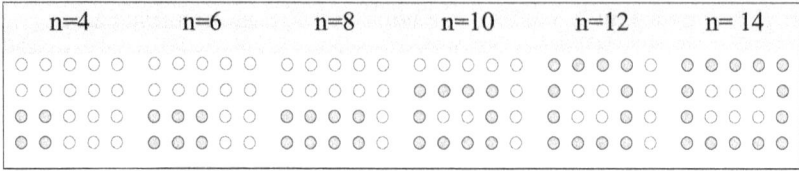

Figure II.14. Disposition rectangulaire proposée.

La répartition globale des piquets est donnée à la figure II.15 avec l'indexe relatif à chaque piquet. L'ensemble constitut une forme matricielle de dimension (4x5). Selon les indexes proposés, dans le tableau II.13 on présente les valeurs des résistances propres des piquets.

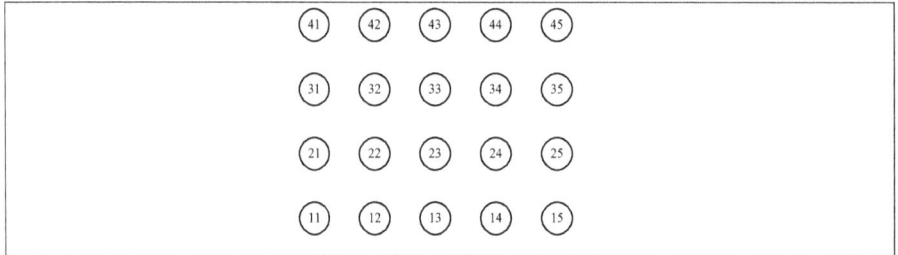

Figure II.15. Indexation des piquets.

Tableau II.13. Mesure des résistances propres

Ordre	R_{11}	R_{12}	R_{13}	R_{14}	R_{15}	R_{21}	R_{22}
R_{0M} (Ω)	60,2	70,7	51,4	47,5	43,6	49,5	76,4
Ordre	R_{23}	R_{24}	R_{25}	R_{31}	R_{32}	R_{33}	R_{34}
R_{0M} (Ω)	78,6	63,9	48,9	68,4	84,9	64,7	107,3
Ordre	R_{35}	R_{41}	R_{42}	R_{43}	R_{44}	R_{45}	
R_{0M} (Ω)	47	59,5	130	66,8	40,7	36,4	

À une distance de séparation égale à L, dans le tableau II.14, on présente les résultats expérimentaux de la valeur de la résistance et du coefficient d'utilisation en

57

fonction du nombre de piquets. Les résultats de simulation correspondants, sont présentés au tableau II.15. Pour déterminer la configuration des piquets relative à chaque valeur de n, il faut se référer aux figures II.14 et II.15. Par exemple, pour n=4 on utilise les piquets (11), (12), (21) et (22).

Tableau II.14. Résultats des mesures pour D=L.

n	4	6	8	10	12	14
R_{eqM} (Ω)	20,4	16,13	13,79	10,92	9,22	7,80
ku_{exp} (%)	77	69	63	60	56	53

Tableau II.15. Résultats de simulation pour D=L.

n	4	6	8	10	12	14
R_{eqT} (Ω)	41,86	32,74	20,33	16,90	15,19	13,96
ku_{sim} (%)	69	40	55	47	50	48

II.3.5.4. Comparaison des résultats

Pour évaluer la contribution des différentes techniques à l'amélioration de la qualité d'une prise, on propose les résultats comparatifs du tableau II.16.

Tableau II.16. Résultats comparatifs des différentes techniques de disposition des piquets de terre.

n	3		4		6		8	
D=L	R (Ω)	k_u (%)	R (Ω)	k_u (%)	R (Ω)	k_u (%)	R (Ω)	k_u (%)
Alignée	30,9	85	24,5	81	17,7	74	14,0	70
Équilatérale	33,1	79	--		22,1	59	--	
Rectangulaire	--		41,86	69	32,74	40	20,33	55

Les résultats de comparaison montrent que la meilleure configuration des piquets est celle à disposition alignée (cases en couleur verte). Tandisque, la disposition rectangulaire présente les résultats les plus modestes (cases en couleur rouge).

II.4. VALIDATION DU MODELE THEORIQUE

L'objectif principal à travers cette étude expérimentale est la validation des résultats de calcul du coefficient d'utilisation. Toutefois, il est difficile de juger les résultats expérimentaux de la résistance, à cause de la variabilité de la résistivité électrique du terrain. Le coefficient d'utilisation contribue au calcul de la résistance et présente l'avantage de son indépendance de la résistivité.

Le contact des piquets avec le sol joue aussi un rôle important dans la valeur mesurée de la résistance. D'où l'existence d'une erreur, dont la valeur locale est aléatoire, mais sa valeur sommaire pour un groupement, est fonction des erreurs locales relative à chaque piquet mis en jeux. La contribution de cette erreur peut être vérifiée aux niveaux des courbes des figures II.16 (tableaux II.8 et II.10) et II.17 (tableaux II.14 et II.15), à travers la différence entre les valeurs mesurées et simulées.

Pour minimiser l'effet de l'erreur de contact, il est nécessaire de minimiser le nombre de piquet en le réduisant à deux. Une telle configuration n'élimine pas l'erreur de contact, mais permet de travailler à une valeur constante en modifiant la distance. Par ailleurs, la modification simultanée du nombre de piquets et de la distance qui les sépare, fait appel à la variation du coefficient d'utilisation due à la variation du nombre de piquet, de la distance et d'une valeur aléatoire de l'erreur de contact sommaire. Par conséquent, il est difficile de juger la validation des résultats de simulation par rapport aux résultats de mesure. Les résultats graphiques du coefficient d'utilisation, dans le cas de deux piquets (figure II.11), montrent une erreur maximale de 9 % (tableaux II.5 et II.6) entre les valeurs mesurées et celles simulées.

A la lumière de ces résultats qui présentent une nette convergence locale et différentielle, le modèle et le programme correspondant de calcul du coefficient d'utilisation et valable et on peut compter sur ses résultats pour le reste du travail.

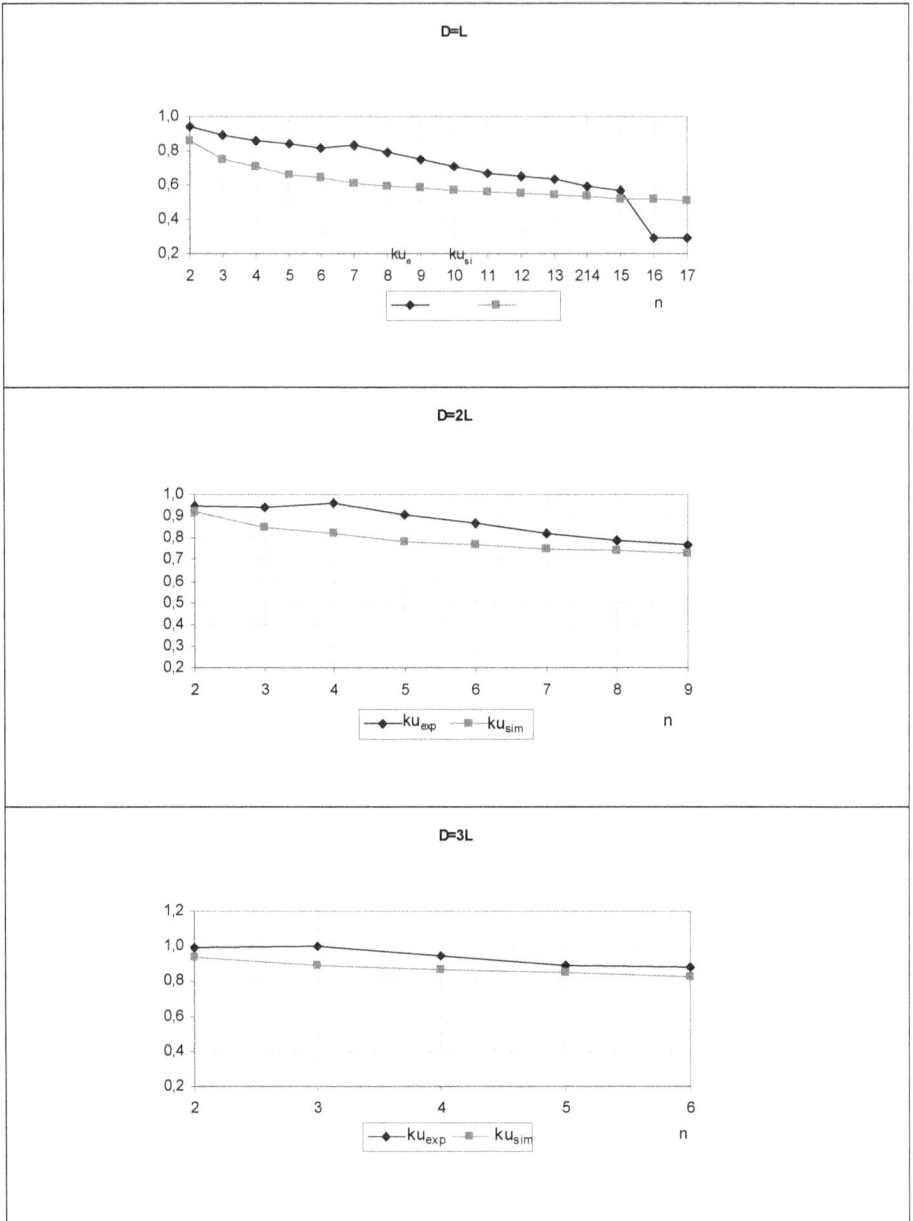

Figure II.16. Le coefficient d'utilisation $k_u=f(n,D)$ pour une disposition rectiligne.

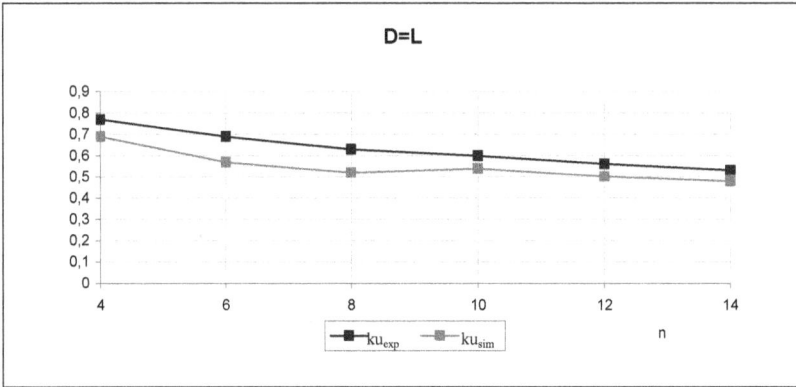

Figure II.17. Courbes théorique et expérimentale du coefficient d'utilisation en fonction du nombre de piquets en disposition rectangulaire et à D=L.

II.5. CONCLUSION

Les résultats obtenus de ce chapitre contribuent d'une façon directe à la validation du modèle de calcul du coefficient d'utilisation. Le coefficient d'utilisation, ainsi validé expérimentalement avec un sol ordinaire, présente les avantages suivants :

- Le calcul direct de la résistance équivalente d'un groupement de piquet à partir de la résistance propre
- L'estimation de la distance correspondante à la terre lointaine ;
- L'optimisation du choix de la technique de réalisation des prises de terre ;
- L'optimisation d'une prise de terre pour une technique donnée même pour un sol multicouche.

De plus, le coefficient d'utilisation présente l'avantage d'être indépendant de la résistivité du sol qui est le facteur principal influençant la problématique de calcul des prises de terre. Les erreurs remarquées entre les valeurs théoriques et expérimentales des résistances sont dues essentiellement à la valeur de la résistivité dont la valeur choisie n'est qu'une approximation. Cette approximation peut être proche de la valeur réelle à un point de mesure comme elle peut être loin de la valeur réelle à un autre point. Lorsque la valeur de la résistivité est fournie avec précision les valeurs théorique et expérimentale de la résistance sont comparables.

L'amélioration de la qualité d'une prise nécessite la réduction de la valeur de sa résistance. La réduction de la résistance est habituellement liée à l'augmentation du nombre d'électrode sans avoir le soin d'optimiser le cas disponible à travers l'augmentation de la distance de séparation des électrodes. L'optimisation, dans le cas des prises de terre avec un sol ordinaire, n'est pas toujours possible à cause de la résistivité du sol qui peut être très élevée. À une certaine valeur de la résistivité, il faut changer de technique, voir changer le sol d'implantation de la prise. Ce cas particulier fait appel à des modèles plus complexes et plus contraignants pour la modélisation de la résistance et du gradient de potentiel de la prise de terre. La modélisation des prises de terre dans un sol artificiel, multicouche fera l'objet du chapitre suivant.

CHAPITRE III.

CONTRIBUTION A LA MODELISATION DES PRISES DE TERRE DANS UN SOL MULTICOUCHE, A VOLUME FINI

CHAPITRE III. CONTRIBUTION A LA MODELISATION DES PRISES DE TERRE DANS UN SOL MULTICOUCHE, A VOLUME FINI

III.1. INTRODUCTION

La conception des prises de terre nécessite l'analyse de plusieurs configurations préliminaires. Pour chacune de ces configurations, un système d'équations est composé dont la solution contient la valeur de la résistance de terre et de la distribution du potentiel à la surface du sol. Les éléments de cette solution représentent les critères d'évaluation des performances de la prise devrant répondre aux conditions de sécurité des personnes et du matériels. La solution obtenue, n'est pas forcément optimale et une nouvelle analyse s'impose pour discuter les améliorations possibles. En absence d'un modèle de calcul convenable, les essais pratiques sont nécessaires pour satisfaire les conditions de sécurité, mais pas pour une solution optimisée. La recherche d'un modèle générale est donc utile pour l'analyse théorique des performances des prises de terre dans leurs formes les plus complexes.

Dans un sol multicouche, bien qu'une telle modélisation semble être très efficace pour plusieurs applications, l'évaluation quantitative des performances de la prise de terre dans ses formes complexes ne présente pas une simple tâche [56]. La complexité d'une prise de terre est habituellement associée à sa géométrie non régulière et à la présence d'au moins trois milieux différents, tels que la partie métallique, les couches artificielles et le sol ordinaire. La variation de la résistivité et des propriétés hygroscopiques des couches du sol en constitue le principal facteur.

Les modèles discutés dans ce chapitre, touchent aux prises de terre réalisées dans un sol multicouche de volume fini. Cette technique des prises de terre, constitue l'objet de nouvelles méthodes purement numériques [53-52], qui traitent les formes les plus complexes, mais souffrent du grand nombre de variables résultant du maillage utilisé. Au niveau des méthodes paramétriques, le nombre et la complexité des équations font que la résolution est impossible au-delà de deux couches, dont le volume est semi fini. Toutefois, dans la bibliographie [2-3-75], on présente les quelques modèles paramétriques approchés pour le cas de sol multicouche à volume semi fini. Notre contribution consiste à chercher un modèle adéquat pour le calcul des prises de terre dans un sol multicouche de volume fini. La BEM en constitue la méthode numérique et la MPAA celle paramétrique.

III.2. ANALYSE PRELIMINAIRE

Le terrain d'implantation d'une prise de terre est naturellement constitué de plusieurs couches dont la forme est quelconque et le volume est infini. Pratiquement, pour des dimensions réduites des électrodes de terre, c'est la couche supérieure de la terre qui impose les caractéristiques de la prise. Lorsque le terrain est partiellement remplacé par un matériau plus conducteur, le sol n'est plus homogène et le volume s'avère fini. Il en résulte des changements au niveau de la résistivité des couches additives et du sol natif. Les frontières, en conséquence, définissent les conditions aux limites des équations de calcul du potentiel et le sol multicouche de volume semi fini n'est qu'un cas particulier.

Lorsque les couches constitutives du sol sont supposées de volume semi fini, la résolution paramétrique de l'équation de Laplace est possible jusqu'à un nombre de deux couches seulement [3]. Toutefois, des formules approchées sont présentées et peuvent être appliquées pour un nombre de couche plus élevé, mais avec le cas de sol à volume semi fini. L'analyse des prises de terre dans un volume fini a fait l'objet de plusieurs travaux récents qui utilisent des méthodes purement numériques.

Plusieurs méthodes, telles que la FDM [80], la FEM [80-48], la BEM [79], sont utilisées pour l'analyse des prises de terre dans un sol multicouche de volume fini. La FDM et la FEM conduisent habituellement à un processus itératif et l'inconvénient principal est le grand nombre d'inconnus rencontré. Dans le cas particulier des problèmes électrostatiques, la BEM possède quelques avantages distincts par rapport à la FEM et la FDM, qui utilisent des opérateurs différentiels pour calculer le champ [82], nécessitant la modélisation de l'espace de travail entier, y compris la région au voisinage (Figure III.1). Un système d'équations linéaires est généré pour calculer le potentiel aux nœuds résultants. Au contraire, la BEM nécessite seulement la discrétisation de la frontière et les surfaces des conducteurs, ce qui réduit les entrées et le besoin de stockage pour la solution finale. Par conséquent, la différence principale entre ces techniques est le fait que la BEM résout seulement les inconnus aux niveaux des frontières, tandisque la FEM résout ceux de la totalité de l'espace [82]. De plus, la BEM impose un potentiel nul à l'infini et le potentiel peut donc être calculé à un point quelconques à l'intérieur ou à l'extérieur de l'espace considéré. La FEM et la FDM nécessitent des conditions aux limites artificielles aux niveaux des limites de découpage [83].

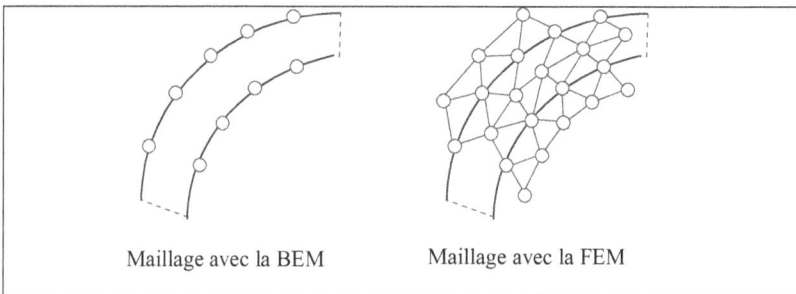

Maillage avec la BEM   Maillage avec la FEM

Figure III.1. La discrétisation par la BEM et la FEM [82].

III.3. MODELISATION PARAMETRIQUE

III.3.1. CHAMP ET RESISTANCE ELECTRIQUES D'UNE SOURCE PONCTUELLE

Dans la figure III.2, on présente le cas d'une source ponctuelle qui diffuse un courant I et implantée à la $k^{ème}$ couche d'un sol constitué de n_c couches horizontales. On cherche à déterminer le potentiel à n'importe quel point de l'espace du sol au niveau de chaque couche.

Dans chaque couche, la résistivité électrique ρ est supposée constante et le potentiel vérifie l'équation de Laplace, telle que :

$$divgrad(v) = 0 \qquad \text{(III.1)}$$

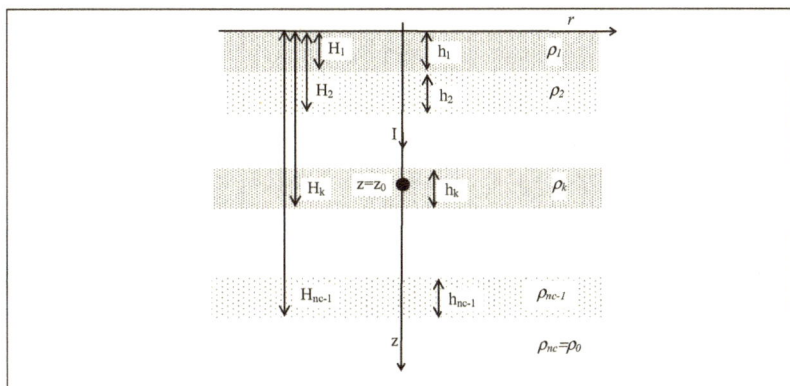

Figure III.2. Source ponctuelle de courant implantée dans un sol multicouche.

III.3.2. RESOLUTION DE L'EQUATION DE LAPLACE

Le champ électrique de la source considérée dans la structure multicouche possède une symétrie axiale, par conséquent, il est intéressant d'utiliser le système de coordonnées cylindriques *(r, ψ,z)* où l'axe z est perpendiculaire aux plans limites des couches et passe par la source ponctuelle (Figure III.2). Dans ce cas, le potentiel ne dépend pas de *ψ* et l'équation de Laplace est à deux dimensions. Soit :

$$\frac{1}{r}\frac{\partial v}{\partial r} + \frac{\partial^2 v}{\partial r^2} + \frac{\partial^2 v}{\partial z^2} = 0 \qquad \text{(III.2)}$$

Pour trouver la solution générale de l'équation (III.2), on utilise la méthode de séparation des variables appliquée aux coordonnées cylindriques [30]. Le potentiel est ainsi considéré comme étant le produit de deux fonctions: $f_1(r)$ qui ne dépend que de *r* et $f_2(z)$ qui ne dépend que de *z*, telles que :

$$v(r,z) = f_1(r).f_2(z) \qquad \text{(III.3)}$$

En utilisant (III.2), on a :

$$\frac{\nabla^2 v(r,z)}{v(r,z)} = \frac{1}{f_1(r)}\left(\frac{\partial^2 f_1(r)}{\partial r^2} + \frac{1}{r}\frac{\partial f_1(r)}{\partial r}\right) + \frac{1}{f_2(z)}\frac{\partial^2 f_2(r)}{\partial z^2} = 0 \qquad \text{(III.4)}$$

Cette équation permet la séparation des variables r et z selon les deux fonctions f_1 et f_2, dont les deux termes relatifs présentent la même solution λ^2 et $-\lambda^2$ [3] telles que :

$$\frac{1}{f_1(r)}\left(\frac{\partial^2 f_1(r)}{\partial r^2} + \frac{1}{r}\frac{\partial f_1(r)}{\partial r}\right) = -\lambda^2 \qquad \text{(III.5)}$$

$$\frac{1}{f_2(z)}\frac{\partial^2 f_2(r)}{\partial z^2} = \lambda^2 \qquad \text{(III.6)}$$

Avec $\lambda^2 > 0$. La solution finale est telle que [30-3] :

$$f(r,z) = f_1(r)f_2(z) = J_0(\lambda.r)\left(a.e^{\lambda z} + b.e^{-\lambda z}\right) \qquad \text{(III.7)}$$

La solution générale de l'équation de Laplace est définie comme l'intégrale de la fonction (III.7) sur le paramètre λ, de 0 à ∞ [3]. Soit :

$$v = \int_0^\infty J_0(\lambda.r)\left[a.e^{\lambda z} + b.e^{-\lambda z}\right]d\lambda \qquad \text{(III.8)}$$

L'expression générale, pour l'ensemble des n_c couches contient des constantes a et b dont les valeurs sont particulières pour chacune des n_c couches. Dans la couche k où la source de courant est implantée, on ajoute au potentiel de la formule (III.8) la solution particulière du potentiel propre à la source, tel que :

$$v_0 = \frac{I.\rho_k}{4\pi}\frac{1}{\sqrt{r^2 + (z-z_0)^2}} = \frac{C}{\sqrt{r^2 + (z-z_0)^2}} \qquad \text{(III.9)}$$

Ainsi, le potentiel crée par la source de la couche k et calculé à la couche i est tel que :

$$v_{ik} = \int_0^\infty J_0(\lambda.r)\left[a_i.e^{\lambda z} + b_i.e^{-\lambda z}\right]d\lambda \qquad \text{(III.10)}$$

69

Le même potentiel, calculé à la même couche vérifie :

$$v_{kk} = \frac{C}{\sqrt{r^2 + (h_{k-1} - z_0)^2}} + \int_0^\infty J_0(\lambda r) \left[a_k . e^{\lambda z} + b_k . e^{-\lambda z} \right] d\lambda \qquad (\text{III.11})$$

Les équations de Dirichlet vérifient, pour chacune des frontières :

$$\frac{1}{\rho_i} . \frac{\partial v_{ik}}{\partial z} = \frac{1}{\rho_{i+1}} . \frac{\partial v_{(i+1)k}}{\partial z} \qquad (\text{III.12})$$

Les équations de Neumann selon l'axe des *z*, sont telles que :

$$\begin{cases} v_{1,k} = v_{2,k} \big|_{z=h_1} \\ v_{2,k} = v_{3,k} \big|_{z=h_2} \\ \vdots \\ v_{(n_c-1),k} = v_{n_c,k} \big|_{z=h_{(n_c-1)}} \end{cases} \qquad (\text{III.13})$$

D'une façon générale, lorsque les couches sont supposées de largeur infinie, le nombre de constantes a_i et b_i, à déterminer pour n_c couches est de $2n_c$. Les conditions aux limites entre les n_c couches donnent $2.(n_c-1)$ équations et les deux autres sont obtenues par les conditions sur le potentiel à la surface du sol et à la terre profonde, où z tend vers l'infinie.

À la surface du sol, la résistivité est infinie et la condition de Dirichlet, appliquée au potentiel de la couche supérieure (#1), vérifie l'équation suivante :

$$\frac{\partial v_{1k}}{\partial z} \bigg|_{z=0} = 0 \qquad (\text{III.14})$$

Soit,

$$a_1 = b_1 \qquad (\text{III.15})$$

Il est à remarquer que lorsque la source considérée se trouve dans la première couche, la formule (III.15) vérifie l'équation suivante :

$$a_1 - b_1 + C.e^{-\lambda.z_0} = 0 \qquad \text{(III.16)}$$

A la terre profonde, le potentiel tend vers zéro et la condition de Neumann est telle que :

$$\lim_{z \to \infty}(v_{n_c,k}) = \lim_{z \to \infty} \int_0^\infty J_0(\lambda.r)\left(a_{n_c}.e^{\lambda.z} + b_{n_c}.e^{-\lambda.z}\right)d\lambda = 0 \qquad \text{(III.17)}$$

Signifiant :

$$a_{n_c} = 0 \qquad \text{(III.18)}$$

Lorsqu'il s'agit d'un sol dont les couches sont à volume fini, à coté des équations précédente, il faut ajouter les conditions de Neumann et de Dirichlet appliquées à la frontière radiale séparant les couches, du sol natif.

III.3.2.1. **Application à un piquet dans un volume semi-fini**

La configuration géométrique, relative à un piquet vertical dans un sol multicouche, présente une multitude de cas. Elle est fonction du nombre de couches et de la disposition du piquet par rapport à ces couches. Dans chaque couche, le segment du piquet correspondant est décomposée à un ensemble de sources ponctuelles (§II.2.2). Les couches sont supposées parfaitement homogènes et la densité linéique du courant du tronçon correspondant, J_k, est constante. Le potentiel à un point $M(r,z)$ de la première couche, est tel que :

$$v(r,z) = \sum_{k=1}^{n_c} J_k \int_{l_k} \frac{v_{1,k}(r,z,z_0)}{I} dz_0 \qquad \text{(III.19)}$$

Avec l_k, la longueur du tronçon du piquet traversant la couche d'ordre k. Soient :

Couche #1	….	Couche #k<n_c	….	Couche #n_c

$l_1 = H_1$	....	$l_k = H_k$	....	$l_{n_c} = l - h_{n_c - 1}$

Les densités de courant vérifient, au niveau des frontières la relation suivante :

$$\frac{J_i}{J_{i+1}} = \frac{\rho_{i+1}}{\rho_i}\Bigg|_{i=1\ldots n_c - 1} \tag{III.20}$$

Le potentiel de la prise est obtenu à partir de (III.19) en remplaçant r par r_0 et z par 0 tel que :

$$GPR = \sum_{k=1}^{n_c} J_k \int_0^l \frac{v_{1,k}(r, z, z_0)}{I} dz_0 \Bigg|_{r=r_0; z=0.} \tag{III.21}$$

et la résistance correspondante est telle que :

$$R_0 = \frac{GPR}{I} \tag{III.22}$$

En particulier, lorsqu'il s'agit d'un sol bicouche [3], on a :

$$v_{1,1} = \frac{I.\rho_1}{4.\pi} \cdot \Bigg\{ \frac{1}{\sqrt{r^2 + (z - \eta)^2}} + \frac{1}{\sqrt{r^2 + (z + \eta)^2}} + \sum_{n=1}^{\infty} k_{2,1}^n \cdot \Bigg[\frac{1}{\sqrt{r^2 + (2.n.h - z - \eta)^2}}$$
$$+ \frac{1}{\sqrt{r^2 + (2.n.h - z + \eta)^2}} + \frac{1}{\sqrt{r^2 + (2.n.h + z + \eta)^2}} \tag{III.23}$$
$$+ \frac{1}{\sqrt{r^2 + (2.n.h + z - \eta)^2}} \Bigg] \Bigg\}$$

$$v_{2,1} = \frac{I.\rho_2}{4.\pi} \cdot (1 - k_{2,1}) \cdot \sum_{n=1}^{\infty} k_{2,1}^n \cdot \Bigg[\frac{1}{\sqrt{r^2 + (2.n.h + z - \eta)^2}} + \frac{1}{\sqrt{r^2 + (2.n.h + z + \eta)^2}} \Bigg] \tag{III.24}$$

$$v_{1,2} = \frac{I.\rho_1}{4.\pi} \cdot (1 + k_{2,1}) \cdot \sum_{n=0}^{\infty} k_{2,1}^n \cdot \Bigg[\frac{1}{\sqrt{r^2 + (2.n.h - z + \eta)^2}} + \frac{1}{\sqrt{r^2 + (2.n.h + z + \eta)^2}} \Bigg] \tag{III.25}$$

$$v_{2,2} = \frac{I.\rho_2}{4.\pi} \left[\begin{array}{c} \dfrac{1}{\sqrt{r^2 + (z-\eta)^2}} - \dfrac{k_{2,1}}{\sqrt{r^2 + (z+\eta - 2.h)^2}} \\[2mm] + (1 - k_{2,1}^2 . \sum_{n=0}^{\infty} k_{2,1}^n \dfrac{1}{\sqrt{r^2 + (2.n.h + z + \eta)^2}} \end{array} \right] \qquad (III.26)$$

Le potentiel dans la première couche est tel que :

$$v = \frac{I.\rho_1.C_1}{4.\pi.l} \cdot \left[Log\left(\frac{z + l + \sqrt{r^2 + (z+l)^2}}{z - l + \sqrt{r^2 + (z-l)^2}} \right) \right.$$
$$+ \sum_{n=1}^{\infty} k_{2,1}^n \cdot \left(Log\left(\frac{2.n.h + z + l + \sqrt{r^2 + (2.n.h + z + l)^2}}{z - 2.n.h - l + \sqrt{r^2 + (z - 2.n.h - l)^2}} \right) \right. \qquad (III.27)$$
$$\left. \left. + Log\left(\frac{z - 2.(n-1).h + l + \sqrt{r^2 + (z - 2.(n-1).h + l)^2}}{2.n.h + z - l + \sqrt{r^2 + (z + 2.(n-1).h + l)^2}} \right) \right) \right]$$

Avec :

$$C_1 = \frac{\rho_2 l}{\rho_1.(l - h) + \rho_2.h} \qquad (III.28)$$

et

$$k_{2,1} = \frac{\rho_2 - \rho_1}{\rho_2 + \rho_1} \qquad (III.29)$$

La résistance correspondante est :

$$R = \frac{GPR}{I} = \frac{v(r = r_0; z = 0)}{I}$$
$$= \frac{\rho_1.C_1}{2.\pi.l} \left[Log\left(\frac{2.l}{r_0} \right) + \sum_{n=1}^{\infty} k_{2,1}^n . Log\left(\frac{2.n.h + l}{2.(n-1).h + l} \right) \right]. \qquad (III.30)$$

III.3.2.2. Application à une électrode horizontale dans un volume semi-fini

L'électrode est supposée implanter dans la couche d'ordre k (Figure III.3).

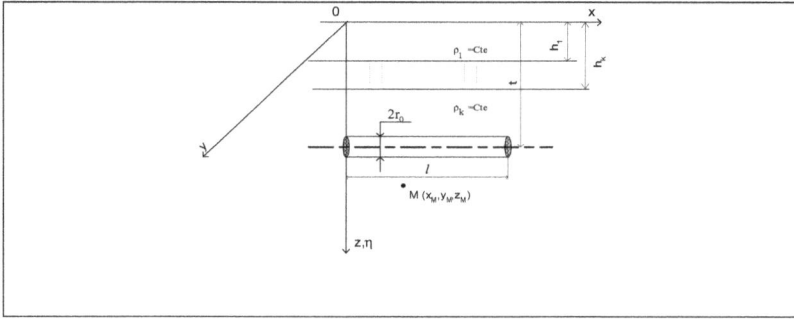

Figure III.3. Piquet horizontal implanté à la couche k.

À un point donné M (x_M, y_M, z_M) de la même couche k, on a :

$$v(x, y, z) = J. \int_0^l \frac{v_{k,k}(x, y = 0, z = z_M, z_0 = t)}{I} dx$$

$$= \frac{1}{l} . \int_0^l v_{k,k}(x, y = 0, z = z_M, z_0 = t) . dx$$

(III.31)

Le potentiel de la prise est déterminé pour $(x=l/2 ; y=r_0 ; z=t)$.

III.3.2.3. Limitation

La bibliographie indique que l'exploitation réelle de cette méthode est bien limitée pour un nombre de deux couches maximum, dont le volume est considéré semi fini [55-56]. Au-delà de deux couches, la résolution des équations correspondantes est impossible à déterminer et l'utilisation des méthodes numériques s'avère nécessaire [3-52-54].

III.3.3. FORMULE APPROCHEE DANS LE CAS D'UN PIQUET VERTICAL

La formule approchée qu'on présente à partir de [3], permet un calcul paramétrique simplifié du gradient de potentiel et de la résistance d'un piquet vertical implanté dans un sol multicouche. Elle présente l'avantage de la simplicité de calcul, mais l'inconvénient d'ignorer les limites radiales des couches utilisées. Autrement dit, elle n'est pas valable pour le cas des prises de terre avec couches à volumes finis.

L'expression de la résistance présentée est la suivante :

$$R = \frac{Ln\dfrac{2l}{r_0}}{2\pi\displaystyle\sum_{k=1}^{n_c}\dfrac{1}{\rho_k}\left[q_k - q_{(k-1)}\right]} \tag{III.32}$$

Les coefficients q_k sont tels que :

$$q_{k<n_c} = \frac{1}{\sqrt{2}}\sqrt{l^2 + r_\sigma^2 + h_k^2 - \sqrt{\left(l^2 + r_\sigma^2 + h_k^2\right)^2 - 4l^2 h_k^2}} \tag{III.33}$$

$$q_{n_c} = 1 \tag{III.34}$$

Où r_σ, vérifie :

$$r_\sigma = 2l.\left(\frac{\sqrt{a}}{a-1}\right) \tag{III.35}$$

et,

$$a = \left(\frac{2l}{r_0}\right)^{2(l-\mu)} \tag{III.36}$$

Avec μ=0,65 dans le cas d'un piquet vertical.

À une distance r, de la prise de terre, l'expression (III.32) devient :

$$R(r) = \frac{Ln\dfrac{l+\sqrt{r^2+l^2}}{r^2}}{2\pi\displaystyle\sum_{k=1}^{n_c}\dfrac{1}{\rho_k}\left[q_k - q_{(k-1)}\right]} \tag{III.37}$$

Avec,

$$a = \left(\frac{l+\sqrt{r^2+l^2}}{r^2}\right)^{2(l-\mu)} \tag{III.38}$$

III.4. APPLICATION DE LA METHODE DES ELEMENTS FINIS A LA FRONTIERE (BEM)

Avec l'utilisation de la BEM, les équations intégrales, utilisées pour le calcul du potentiel, sont établies en fonction de la densité de charge électrique dont la variation est détectée au niveau de la frontière de deux milieux de conductivités différentes. La conductivité varie à chaque fois que le milieu ou le corps change (couches, électrodes). Ainsi, on définie les éléments de surface à discrétiser pour établir le système d'équations dont l'ordre dépend de la technique de maillage utilisée. Dans cette partie, on présente les systèmes d'équations généralisés pour une prise multi-électrode et multicouche. L'application des équations obtenues sera effectuée pour le cas de prise de terre avec un sol multicouche, à stratification horizontale et à plusieurs piquets en parallèle.

III.4.1. PRISE DE TERRE MULTIELECTRODE ET MULTICOUCHE DE VOLUME FINI

La prise de terre est généralement implantée à une faible profondeur et la distribution du champ électrique est influencée par la surface du sol. Dans ce cas, la méthode des images et nécessaire pour l'élaboration des différents systèmes d'équations. Les équation qu'on présente sont généralisées à une prise dont la forme des couches et des électrodes sont quelconques. Entre deux couches voisines de résistivités électriques, respectivement, densités de courants électriques, ρ_i et ρ_k, respectivement, J_i et J_k, la surface de séparation $S_{i,k}$ est subdivisée en un ensemble de surfaces élémentaires ΔS_q, dont la densité de charge correspondante et η_q. Les conditions aux limites appliquées à la densité de courant et au déplacement électrique, au niveau de la frontière, sont telles que :

$$\vec{n}.\left(\vec{J}_k - \vec{J}_i\right) = 0 \qquad (III.39)$$

et

$$\vec{n}_q.\left(\vec{D}_k - \vec{D}_i\right) = \eta_q \qquad \text{(III.40)}$$

Avec, $\vec{n}_q$ le vecteur unitaire normal dirigeant de la couche i à celle k. Tenant compte des relations suivantes :

$$\vec{J}_i = \frac{\vec{E}_i(\vec{r})}{\rho_i}; \quad \vec{J}_k = \frac{\vec{E}_k(\vec{r})}{\rho_k} \text{ et } \vec{D}_i = \varepsilon_0 \vec{E}_i(\vec{r}); \quad \vec{D}_k = \varepsilon_0 \vec{E}_k(\vec{r}) \qquad \text{(III.41)}$$

Les expressions (III.39) et (III.40) deviennent respectivement :

$$\vec{n}.\left(\frac{\vec{E}_k(\vec{r})}{\rho_k} - \frac{\vec{E}_i(\vec{r})}{\rho_i}\right) = 0 \qquad \text{(III.42)}$$

$$\vec{n}_q.\left(\vec{E}_k(\vec{r}) - \vec{E}_i(\vec{r})\right) = \frac{\eta_q}{\varepsilon_0} \qquad \text{(III.43)}$$

D'où :

$$\vec{n}_q.\vec{E}_k(\vec{r}).\left(1 - \frac{\rho_i}{\rho_k}\right) = \frac{\eta_q}{\varepsilon_0} \qquad \text{(III.44)}$$

Le champ électrique $\vec{E}_k(\vec{r})$ est considéré comme étant, la superposition de celui créé par les charges de la même surface ΔS_q et celui externe correspondant aux autres sources tel que [52] :

$$\vec{E}_k(\vec{r}) = \frac{\eta_q}{2.\varepsilon_0}.\vec{n}_q + \vec{E}(\vec{r}) \qquad \text{(III.45)}$$

En remplaçant (III.44) dans (III.45), on a :

$$\frac{\eta_q}{2.\varepsilon_0}(\rho_i + \rho_k) + (\rho_i - \rho_k).\vec{n}_q.\vec{E}(\vec{r}) = 0 \qquad \text{(III.46)}$$

Le champ externe, $\vec{E}(\vec{r})$, représente l'ensemble des champs $\vec{E}^{(S)}(\vec{r})$, respectivement $\vec{E}^{(0)}(\vec{r})$ qui sont générer par les charges de toutes les surfaces élémentaires à l'exception ΔS_q, respectivement, les charges à la surface des électrodes dont les expressions sont telles que [52] :

$$\vec{E}^{(S)}(\vec{r})\Big|_{\Delta S_q} = \frac{1}{4\pi\varepsilon_0}\sum_{\substack{l=1\\l\neq q}}^{m}\eta_l\int_{\Delta S_l'}\frac{\vec{r}-\vec{r}'}{|\vec{r}-\vec{r}'|^3}\,ds_{(r')} + \frac{1}{4\pi\varepsilon_0}\sum_{\substack{l=1\\l\neq q}}^{m}\eta_l\int_{\Delta S_l''}\frac{\vec{r}-\vec{r}''}{|\vec{r}-\vec{r}''|^3}\,ds_{(r'')} \qquad \text{(III.47)}$$

et

$$\vec{E}^{(0)}(\vec{r})\Big|_{\Delta S_q} = \frac{1}{4\pi\varepsilon_0}\sum_{j=1}^{n}\xi_j\int_{L_j'}\frac{\vec{r}-\vec{r}'}{|\vec{r}-\vec{r}'|^3}\,dL_{(r')} + \frac{1}{4\pi\varepsilon_0}\sum_{j=1}^{n}\xi_j\int_{L_j''}\frac{\vec{r}-\vec{r}''}{|\vec{r}-\vec{r}''|^3}\,dL_{(r'')} \qquad \text{(III.48)}$$

Avec :

- m, le nombre de surfaces élémentaires $(\Delta S_1, ..., \Delta S_q, ..., \Delta S_m)$ de densités de charge respectives, $\eta_1, ... , \eta_q, ... \eta_m$;

- n, le nombre de segments conducteurs $(L_1, L_2, ... L_n)$ de densités de charge respectives $\xi_1, \xi_2, ..., \xi_n$;

- r, la distance par rapport à l'origine de la surface élémentaire ΔS_q dans laquelle on calcule la densité de charge ;

- r', la distance par rapport à l'origine de la surface élémentaire $\Delta S_l'$ du segment conducteur ou bien de la surface élémentaire $\Delta S_{l\neq q}'$;

- r'', la distance par rapport à l'origine de la surface élémentaire $\Delta S_l''$ du segment conducteur image ou bien de la surface élémentaire image $\Delta S_{l\neq q}''$.

En utilisant (III.47) et (III.48) dans (III.46), on obtient :

$$\eta_q = -\frac{K}{2\pi}\left(\sum_{\substack{l=1 \\ l\neq q}}^{m}\eta_l \int_{\Delta S_l'}\frac{(\vec{r}-\vec{r}\,').\vec{n}_q}{\left|\vec{r}-\vec{r}\,'\right|^3}\,ds_{(r')} + \sum_{j=1}^{n}\xi_j\int_{L_j'}\frac{(\vec{r}-\vec{r}\,').\vec{n}_q}{\left|\vec{r}-\vec{r}\,'\right|^3}\,dL_{(r')}\right.$$

$$+\sum_{\substack{l=1 \\ l\neq q}}^{m}\eta_l \int_{\Delta S_l''}\frac{(\vec{r}-\vec{r}\,'').\vec{n}_q}{\left|\vec{r}-\vec{r}\,''\right|^3}\,ds_{(r'')} + \sum_{j=1}^{n}\xi_j\int_{L_j''}\frac{(\vec{r}-\vec{r}\,'').\vec{n}_q}{\left|\vec{r}-\vec{r}\,''\right|^3}\,dL_{(r'')} \tag{III.49}$$

$$\left.+\eta_q \int_{\Delta S_q''}\frac{(\vec{r}-\vec{r}\,'').\vec{n}_q}{\left|\vec{r}-\vec{r}\,''\right|^3}\,ds_{(r'')}\right); \quad q=1,...,m$$

Au centre d'un conducteur p, le potentiel dû à toutes les charges des surfaces élémentaires de la frontière et celles des autres segments conducteurs est tel que :

$$v_p = \frac{\xi_p}{2\pi\varepsilon_0}Ln\left[\frac{L_p}{2a_p}+\sqrt{\frac{L_p^2}{4a_p^2}+1}\right] + \frac{1}{4\pi\varepsilon_0}\xi_p\int_{L_p'}\frac{dL_{(r'')}}{\left|\vec{r}-\vec{r}\,''\right|}$$

$$+\frac{1}{4\pi\varepsilon_0}\sum_{k=1}^{m}\eta_k\left(\int_{\Delta S_l'}\frac{ds_{(r')}}{\left|\vec{r}-\vec{r}\,'\right|} + \int_{\Delta S_l''}\frac{ds_{(r'')}}{\left|\vec{r}-\vec{r}\,''\right|}\right) \tag{III.50}$$

$$+\frac{1}{4\pi\varepsilon_0}\sum_{\substack{j=1 \\ j\neq p}}^{n}\xi_j\left(\int_{L_j'}\frac{dL_{(r')}}{\left|\vec{r}-\vec{r}\,'\right|} + \int_{L_p''}\frac{dL_{(r'')}}{\left|\vec{r}-\vec{r}\,''\right|}\right); \quad p=1,...,n$$

Où, L_p et a_p sont respectivement la longueur et le rayon du segment conducteur p.

Les formules (III.49) et (III.50) représentent les deux équations de base à partir desquelles, on détermine les vecteurs des densités de charge surfaciques et les densités de charge linéiques.

Dans un cas général, on suppose que la prise de terre est constituée de n électrodes et de n_c volumes finis (couches) dont la $k^{ème}$ électrode est constitué de n_k segments conducteurs et la $k^{ème}$ couche est discrétisée selon m_k surfaces élémentaires. Le nombre total des surfaces intermédiaires (frontières) à discrétiser est de m surfaces. Les couches sont de résistivités respectives, ρ_1, ρ_2, ...et ρ_{nc}, avec ρ_0 est la résistivité du sol ordinaire de volume infini. On note :

- $\vec{n}_{i,k}$, le vecteur unitaire normale de la surface élémentaire i de la frontière k tels que :

$i=1,2,\dots, m_k$ et $k=1, 2, \dots, m$.

- $\xi_{i,k}$, la densité de charge linéique du conducteur i de l'électrode k, avec : $i=1,2,\dots, n_k$ et $k=1, 2, \dots, n$.

La représentation matricielle relative aux expressions (III.49) et (III.50), appliquées aux densités de charges normalisées, est telle que :

$$
\begin{cases}
\displaystyle\sum_{k=1}^{n}\sum_{j=1}^{n_k} A_{j,k}^{i,l}\xi_{j,k}^{'} + \sum_{k=1}^{m}\sum_{j=1}^{m_k} B_{j,k}^{i,l}\eta_{j,k}^{'} = 0; \quad i=1,\dots,m_l; \quad l=1,\dots,m \\[4mm]
\displaystyle\sum_{k=1}^{n}\sum_{j=1}^{n_k} C_{j,k}^{i,l}\xi_{j,k}^{'} + \sum_{k=1}^{m}\sum_{j=1}^{m_k} D_{j,k}^{i,l}\eta_{j,k}^{'} = 1; \quad i=1,\dots,n_l; \quad l=1,\dots,n
\end{cases}
$$

(III.51)

La densité de charge normalisée est celle réelle divisée par le potentiel de la prise. Les matrices coefficients $A_{j,k}^{i,l}$, $B_{j,k}^{i,l}$, $C_{j,k}^{i,l}$ et $D_{j,k}^{i,l}$ sont telles que :

$$
A_j^q = \frac{K}{2\pi}\left(\int_{L_j} \frac{(\vec{r}_q - \vec{r}^{\,'}).\vec{n}_q}{|\vec{r}_q - \vec{r}^{\,'}|^3}.dL_{(r')} + \int_{L_j} \frac{(\vec{r}_q - \vec{r}^{\,''}).\vec{n}_q}{|\vec{r}_q - \vec{r}^{\,''}|^3}.dL_{(r'')} \right)
$$

(III.52)

$$q=1,\dots,m; \qquad j=1,\dots,n$$

$$
B_l^j = 1 + \frac{K}{2\pi}\int_{\Delta S_q^{'}} \frac{(\vec{r} - \vec{r}^{\,''}).\vec{n}_q}{|\vec{r} - \vec{r}^{\,''}|^3}.dS_{(r'')}; \qquad l=1,\dots,n
$$

(III.53)

$$
B_l^q \Big|_{l\neq q} = \frac{K}{2\pi}\left(\int_{\Delta S_l^{'}} \frac{(\vec{r}_q - \vec{r}^{\,'}).\vec{n}_q}{|\vec{r}_q - \vec{r}^{\,'}|^3}.dS_{(r')} + \int_{\Delta S_l^{'}} \frac{(\vec{r}_q - \vec{r}^{\,''}).\vec{n}_q}{|\vec{r}_q - \vec{r}^{\,''}|^3}.dS_{(r'')} \right)
$$

(III.54)

$$q=1,\dots,m; \qquad l=1,\dots,m$$

$$
C_j^j = \frac{1}{2\pi\varepsilon_0}\left(Ln\left[\frac{L_j}{2a_j} + \sqrt{\frac{L_j^2}{4a_j^2}+1} \right] + \int_{L_p^{'}} \frac{dL_{(r'')}}{|\vec{r}_j - \vec{r}^{\,''}|} \right)
$$

(III.55)

$$j=1,\dots,n$$

$$
C_j^p = \frac{1}{4\pi\varepsilon_0}\left(\int_{L_j} \frac{dL_{(r')}}{|\vec{r}_p - \vec{r}^{\,'}|} + \int_{L_j} \frac{dL_{(r')}}{|\vec{r}_p - \vec{r}^{\,''}|} \right)
$$

(III.56)

$$j=1,\dots,n;; \quad p=1,\dots,n; \quad j\neq p$$

$$D_l^p = \frac{1}{4\pi\varepsilon_0}\left(\int_{\Delta S_i'} \frac{1}{\left|\vec{r}_p - \vec{r}\,'\right|} .dS_{(r')} + \int_{\Delta S_i''} \frac{1}{\left|\vec{r}_p - \vec{r}\,''\right|} .dS_{(r'')} \right) \tag{III.57}$$

$$l = 1,...,m; \qquad p = 1,...,n$$

$$K = \frac{\rho_i - \rho_k}{\rho_i + \rho_k} \tag{III.58}$$

En résolvant (III.51), on obtient les valeurs des densités de charge normalisées $\eta_{j,k}^{'}$ et $\xi_{j,k}^{'}$.

Si on considère que I_i est le courant traversant le $i^{ème}$ segment conducteur et I est le courant total de défaut, on a d'une part,

$$I = \sum_{k=1}^{n}\sum_{j=1}^{n_k}\left(I_{j,k}\right) \tag{III.59}$$

D'autre part,

$$\xi_{j,k} = \rho_j \varepsilon_0 \frac{I_{j,k}}{L_{j,k}} \tag{III.60}$$

ρ_j, étant la résistivité de la couche dans laquelle se trouve le segment conducteur considéré.

Enfin, le potentiel de terre à un point quelconque, situé à une distance r, est tel que :

$$v(r) = \sum_{k=1}^{n}\sum_{j=1}^{n_k}C_{j,k}^{i,l}(r).\xi_{j,k} + \sum_{k=1}^{m}\sum_{j=1}^{m_k}D_{j,k}^{i,l}(r).\eta_{j,k} \tag{III.61}$$

Avec,

$$C_{j,k}(r) = \frac{1}{4\pi\varepsilon_0}\left(\int_{L_j} \frac{dL_{(r')}}{\left\|\vec{r} - \vec{r}_{j,k}\,'\right\|} + \int_{L_j} \frac{dL_{(r')}}{\left\|\vec{r} - \vec{r}_{j,k}\,''\right\|} \right) \tag{III.62}$$

81

$$D_{j,k}(r) = \frac{1}{4\pi\varepsilon_0} \left(\int_{\Delta S_i'} \frac{ds_{(r')}}{\left| \vec{r} - \vec{r}_{j,k} \right|} + \int_{\Delta S_i'} \frac{ds_{(r'')}}{\left| \vec{r} - \vec{r}_{j,k}'' \right|} \right) \quad \text{(III.63)}$$

D'une façon générale, la démarche de l'application de la BEM dans le cas des prises de terre, peut être interprétée par le diagramme de la figure III.4.

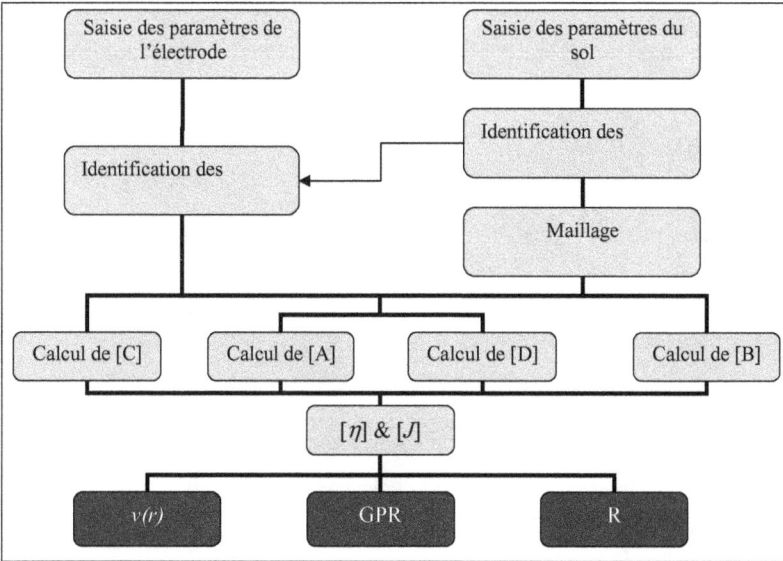

Figure III.4. Démarche d'application de la BEM.

III.4.2. APPLICATION A UN PIQUET VERTICAL DANS UN VOLUME CYLINDRIQUE

On se donne une prise de terre constituée d'un piquet vertical ($n=1$) et de n_c couches de volume cylindrique disposées horizontalement, selon la figure III.5. La segmentation du piquet est faite selon le nombre de couches (figure III.6). Soit :

$$n_k = n_1 = n \quad \text{(III.64)}$$

La discrétisation surfacique doit tenir compte de toutes les frontières qui se présentent sur les plans horizontal et vertical. On distingue :

1. Les frontières horizontales, Couche – Couche, dont les grandeurs correspondantes sont indexés par "CC" et pour lesquelles on a $K = \dfrac{\rho_{i+1} - \rho_i}{\rho_{i+1} + \rho_i}$;

2. Les frontières verticales, Couche – Terre, dont les grandeurs correspondantes sont indexés par "CT" et pour lesquelles on a $K = \dfrac{\rho_0 - \rho_i}{\rho_0 + \rho_i}$.

Le nombre total des frontières à discrétiser est $m = 2n_c$ dont n_c frontières horizontales et n_c frontières verticales. Un exemple de discrétisation surfacique est donné à la figure III.7.

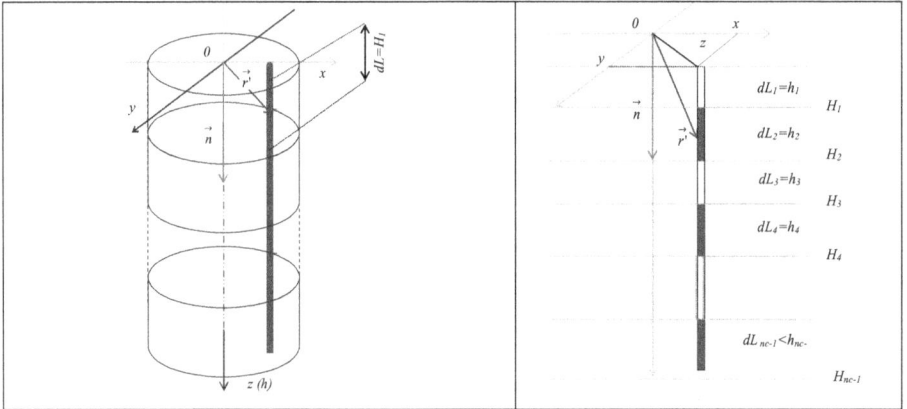

Figure III.5. Couches de volume cylindrique à disposition horizontale.

Figure III.6. Segmentation du piquet selon le nombre des couches.

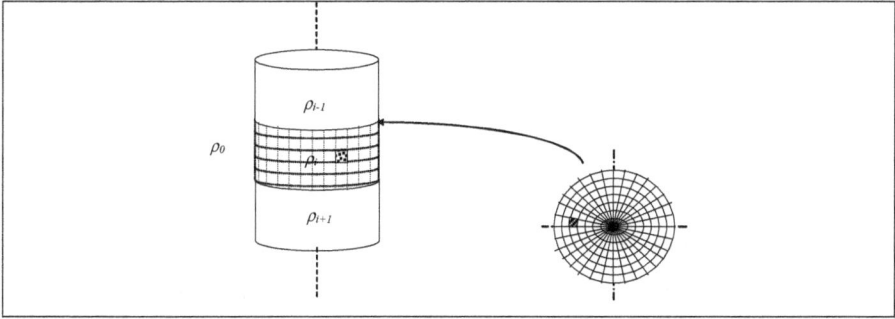

Figure III.7. Discrétisation à la frontière des couches.

La discrétisation horizontale est effectuée selon un pas radial dr et un pas angulaire $d\theta$. La surface élémentaire correspondante est :

$$\Delta S_{CC} \approx [r(j).d\theta(i)].dr(j) = [(r_a - j.dr).d\theta].dr \qquad (III.65)$$

Sa position par rapport à l'origine est telle que :

$$\begin{cases} (\theta_{CC}, r_{CC}, z_{CC}) = \left(i.d\theta - \dfrac{d\theta}{2}, r_a - j.dr + \dfrac{dr}{2}, h(k) \right) \\ i = 1... \dfrac{2\pi.r_a}{d\theta}; \qquad j = 1... \dfrac{r_a}{dr}; \qquad k = 1...n_c \end{cases} \qquad (III.66)$$

La discrétisation verticale est effectuée selon un pas transversale $dz=dr$ et un pas angulaire $d\theta$. La surface élémentaire correspondante est telle que :

$$\Delta S_{CT} = dz.(r_a.d\theta) = r_a.dr.d\theta \qquad (III.67)$$

$$\begin{cases} (\theta_{CT}, r_{CT}, z_{CT}) = \left(i.d\theta - \dfrac{d\theta}{2}, r_a, h(k) - j.dr + \dfrac{dr}{2} \right) \\ i = 1... \dfrac{2\pi.r_a}{d\theta}; \qquad j = 1... \dfrac{H(k)}{dr}; \qquad k = 1...n_c \end{cases} \qquad (III.68)$$

Pour calculer les matrices coefficients du système (III.51), il faut identifier pour chaque formule intégrale les grandeurs distances r, r' et r''. D'une façon générale, r représente la distance du point de calcul du potentiel, r' celle de la source réelle qui génère ce potentiel et r'', la distance de la source image qui est symétrique à la source réelle par rapport à la surface du sol. La matrice A, définie la contribution des charges des surfaces élémentaires sur les segments conducteurs ; la matrice B, définie la contribution mutuelle des charges des surfaces élémentaires ; la matrice C, définie la contribution mutuelle des charges des segments conducteurs et la matrice D, définie la contribution des charges des segments conducteurs sur les surfaces élémentaires. Les grandeurs relatives aux segments conducteurs sont indexées par la lettre L. Par conséquent, la formule intégrale de la matrice A (III.52) prend deux cas de figure :

$$A_{j,k}^{i,l} = \frac{K(l)}{2\pi}\left(\int_{L'(k,j)} \frac{\left(\vec{r}_{CT}(l,i) - \vec{r}_L(k,j)\right)\vec{n}_{CT}(l,i)}{\left\|\vec{r}_{CT}(l,i) - \vec{r}_L(k,j)\right\|^3}.dz + \int_{L''(k,j)} \frac{\left(\vec{r}_{CT}(l,i) - \vec{r}_L''(k,j)\right)\vec{n}_{CT}(l,i)}{\left\|\vec{r}_{CT}(l,i) - \vec{r}_L''(k,j)\right\|^3}.dz \right)$$ (III.69)

et

$$A_{j,k}^{i,l} = \frac{K(l)}{2\pi}\left(\int_{L'(k,j)} \frac{\left(\vec{r}_{CC}(l,i) - \vec{r}_L(k,j)\right)\vec{n}_{CC}(l,i)}{\left\|\vec{r}_{CC}(l,i) - \vec{r}_L(k,j)\right\|^3}.dz + \int_{L''(k,j)} \frac{\left(\vec{r}_{CC}(l,i) - \vec{r}_L''(k,j)\right)\vec{n}_{CC}(l,i)}{\left\|\vec{r}_{CC}(l,i) - \vec{r}_L''(k,j)\right\|^3}.dz \right)$$ (III.70)

Concernant la matrice B, l'expression (III.53) correspond à quatre cas tels que :

$$\underset{k\neq l \& i\neq j}{B_{j,k}^{i,l}} = \frac{K(k)}{2\pi}\left(\int_{\Delta S'(l,j)} \frac{\left(\vec{r}_{CT}(k,i) - \vec{r}_{CT}'(l,j)\right)\vec{n}_{CT}(k,i)}{\left\|\vec{r}_{CT}(k,i) - \vec{r}_{CT}'(l,j)\right\|^3}.dz.d\theta + \int_{\Delta S''(l,j)} \frac{\left(\vec{r}_{CT}(k,i) - \vec{r}_{CT}''(l,j)\right)\vec{n}_{CT}(k,i)}{\left\|\vec{r}_{CT}(k,i) - \vec{r}_{CT}''(l,j)\right\|^3}.dz.d\theta \right)$$ (III.71)

$$B_{j,k}^{i,l} = \frac{K(k)}{2\pi}\left(\int_{\Delta S'(l,j)} \frac{\left(\vec{r}_{CT}(k,i) - \vec{r}_{CC}'(l,j)\right)\vec{n}_{CT}(k,i)}{\left\|\vec{r}_{CT}(k,i) - \vec{r}_{CC}'(l,j)\right\|^3}.dr.d\theta + \int_{\Delta S''(l,j)} \frac{\left(\vec{r}_{CT}(k,i) - \vec{r}_{CC}''(l,j)\right)\vec{n}_{CT}(k,i)}{\left\|\vec{r}_{CT}(k,i) - \vec{r}_{CC}''(l,j)\right\|^3}.dr.d\theta \right)$$ (III.72)

$$\underset{k\neq l \& i\neq j}{B_{j,k}^{i,l}} = \frac{K(k)}{2\pi}\left(\int_{\Delta S'(l,j)} \frac{\left(\vec{r}_{CC}(k,i) - \vec{r}_{CC}'(l,j)\right)\vec{n}_{CC}(k,i)}{\left\|\vec{r}_{CC}(k,i) - \vec{r}_{CC}'(l,j)\right\|^3}.dr.d\theta + \int_{\Delta S''(l,j)} \frac{\left(\vec{r}_{CC}(k,i) - \vec{r}_{CC}''(l,j)\right)\vec{n}_{CC}(k,i)}{\left\|\vec{r}_{CC}(k,i) - \vec{r}_{CC}''(l,j)\right\|^3}.dr.d\theta \right)$$ (III.73)

$$B_{j,k}^{i,l} = \frac{K(k)}{2\pi} \left(\int\limits_{\Delta S'(l,j)} \frac{\left(\vec{r}_{CC}(k,i) - \vec{r}_{CT}'(l,j)\right)\vec{n}_{CC}(k,i)}{\left\| \vec{r}_{CC}(k,i) - \vec{r}_{CT}'(l,j) \right\|^3} .dz.d\theta \right. \\ \left. + \int\limits_{\Delta S''(l,j)} \frac{\left(\vec{r}_{CC}(k,i) - \vec{r}_{CT}''(l,j)\right)\vec{n}_{CC}(k,i)}{\left\| \vec{r}_{CC}(k,i) - \vec{r}_{CT}''(l,j) \right\|^3} .dz.d\theta \right) \tag{III.74}$$

Au niveau de la matrice C, on a :

$$C_{j,k}^{i,l} = \frac{1}{4\pi\varepsilon_0} \left(\int\limits_{L'(k,j)} \frac{dz}{\left\| \vec{r}_L(l,i) - \vec{r}_L'(k,j) \right\|} + \int\limits_{L''(k,j)} \frac{dz}{\vec{r}_L(l,i) - \vec{r}_L''(k,j)} \right) \tag{III.75}$$

Enfin, la matrice D (III.57) présente deux cas tels que :

$$D_{j,k}^{i,l} = \frac{1}{4\pi\varepsilon_0} \left(\int\limits_{L'(k,j)} \frac{dz}{\left\| \vec{r}_L(l,i) - \vec{r}_{CC}'(k,j) \right\|} + \int\limits_{L''(k,j)} \frac{dz}{\vec{r}_L(l,i) - \vec{r}_{CC}''(k,j)} \right) \tag{III.76}$$

$$D_{j,k}^{i,l} = \frac{1}{4\pi\varepsilon_0} \left(\int\limits_{L'(k,j)} \frac{dz}{\left\| \vec{r}_L(l,i) - \vec{r}_{CT}'(k,j) \right\|} + \int\limits_{L''(k,j)} \frac{dz}{\vec{r}_L(l,i) - \vec{r}_{CT}''(k,j)} \right) \tag{III.77}$$

En utilisant (III.59), (III.60) et (III.61), on détermine les expressions de la résistance et du GPR tels que :

$$R = \frac{1}{\displaystyle\sum_{k=1}^{n} \sum_{j=1}^{n_k} \frac{\xi'_{j,k} L_{j,k}}{\rho_{j,k}\varepsilon_0}}. \tag{III.78}$$

et

$$GPR(p) = \frac{\xi_p}{2\pi\varepsilon_0} Ln\left[\frac{L_p}{2a_p} + \sqrt{\frac{L_p^2}{4a_p^2} + 1}\right] + \frac{1}{4\pi\varepsilon_0}\xi_{l,p}\int_{L_p'}\frac{dL_{(r')}}{|\vec{r}-\vec{r}''|}$$

$$+\frac{1}{4\pi\varepsilon_0}\sum_{k=1}^{m}\sum_{l=1}^{m_k}\eta_{l,k}\left(\int_{\Delta S_i'}\frac{ds_{(r')}}{|\vec{r}-\vec{r}'|} + \int_{\Delta S_i''}\frac{ds_{(r'')}}{|\vec{r}-\vec{r}''|}\right) \qquad \text{(III.79)}$$

$$+\frac{1}{4\pi\varepsilon_0}\sum_{k=1}^{n}\sum_{\substack{j=1 \\ j\neq p}}^{n_k}\xi_{j,k}\left(\int_{L_j'}\frac{dL_{(r')}}{|\vec{r}-\vec{r}'|} + \int_{L_p''}\frac{dL_{(r'')}}{|\vec{r}-\vec{r}''|}\right)$$

$$p = 1,...,n_l \qquad l = 1,...,n$$

Le potentiel à la surface du sol vérifie :

$$v(r) = \sum_{k=1}^{n}\sum_{j=1}^{n_k} C_{j,k}^{i,l}(r).\xi_{j,k} + \sum_{k=1}^{m}\sum_{j=1}^{m_k} D_{j,k}^{i,l}(r).\eta_{j,k} \qquad \text{(III.80)}$$

Pour avoir une idée sur le volume de traitement numérique demandé par la résolution de ces équations, on considère par exemple une prise de terre de rayon r_a=0,5 mètre et constituée de deux couches et un piquet vertical. On suppose que la discrétisation est réalisée selon un pas radial et transversale, dr=1 cm. Le pas angulaire correspondant est $d\theta=dr/r_a=1/50=0,02$ *radian*. Ces données signifient les résultats du tableau suivant.

Tableau III.1. Application numérique de la discrétisation.

Paramètre	Description	Valeur
n	Le nombre de piquet	1
$n_k=n_l$	Le nombre de segment	2
$m=2n_c$	Le nombre des frontières à discrétiser	4
m_1 et m_2	Les frontières CC	$\dfrac{2\pi}{d\theta}\times\dfrac{r_a}{dr} = 314\times50 = 15700$
m_3	Deux frontières CT	$m_3 = \dfrac{H_1}{dr}\times\dfrac{2\pi.r_a}{dr} = \dfrac{20}{1}\times\dfrac{2.\pi.50}{1} = 6280$

m_4		$m_4 = \dfrac{H_2}{dr} \times \dfrac{2\pi.r_a}{dr} = \dfrac{30}{1} \times \dfrac{2.\pi.50}{1} = 9420$
[m]	Le nombre total des surfaces élémentaires	47100
$[A]$	Dimensions de la matrice A	$\displaystyle\sum_{k=1}^{m} m_k \times \sum_{k=1}^{n} n_k = 47100 \times 2$
$[B]$	Dimensions de la matrice B	$\displaystyle\sum_{k=1}^{m} m_k \times \sum_{k=1}^{m} m_k = 47100 \times 47100$
$[C]$	Dimensions de la matrice C	$\displaystyle\sum_{k=1}^{n} n_k \times \sum_{k=1}^{n} n_k = 2 \times 2$
$[D]$	Dimensions de la matrice D	$\displaystyle\sum_{k=1}^{n} n_k \times \sum_{k=1}^{m} m_k = 2 \times 47100$
$[G]$	Dimensions de la matrice G	$\begin{vmatrix} \displaystyle\sum_{k=1}^{m} m_k \times \sum_{k=1}^{n} n_k & \displaystyle\sum_{k=1}^{m} m_k \times \sum_{k=1}^{m} m_k \\ \displaystyle\sum_{k=1}^{n} n_k \times \sum_{k=1}^{n} n_k & \displaystyle\sum_{k=1}^{n} n_k \times \sum_{k=1}^{m} m_k \end{vmatrix}$ $= \left(\displaystyle\sum_{k=1}^{m} m_k + \sum_{k=1}^{n} n_k \right) \times \left(\displaystyle\sum_{k=1}^{m} m_k + \sum_{k=1}^{n} n_k \right)$
$[G] = 47102 \times 47102$		

L'ordre du système est important malgré le choix d'un pas de discrétisation qui n'est pas tout à fait satisfaisant, ce qui reflète la complexité de l'exploitation des méthodes numériques dans l'analyse des prises de terre dans le cas de sol multicouche.

III.5. CONTRIBUTION A LA MODELISATION PARAMETRIQUE

La nécessité d'intervenir au niveau de la modélisation des prises de terre avec sol multicouche, est justifiée par la complexité du traitement numérique imposé par l'exploitation des nouvelles méthodes. Cette complexité présente une contrainte fâcheuse pour les chercheurs et les exploitants de ce domaine par limitation des résultats obtenus. Sur la base de ce qui précède, on présente dans cette section une contribution qui simplifie le calcul demandé par l'élaboration d'une transformation appliquée à la méthode paramétrique approchée (§III.3.3), permettant son application efficace dans le cas de sol multicouche à volumes finis. L'objectif de cette contribution est la simplification du calcul des prises de terre dans le cas de sol multicouche, permettant la collection d'un maximum de résultats servant au dimensionnement, à la vérification et à l'optimisation pour un nombre de couche largement supérieur à deux. La contribution est basée sur une méthode paramétrique approximative (MPA) qui traite le cas de piquets verticaux dans un sol multicouche à volume semi fini.

III.5.1. VALIDATION DE LA MPA

Cette méthode est validée analytiquement et ses résultats convergent vers celui du cas le plus simple pour lequel toutes les couches ont la même résistivité : c'est le cas de sol homogène. Cette convergence impose toujours que le rayon du piquet soit négligeable devant sa longueur. La figure III.8, présente l'erreur de cette convergence en fonction du rapport entre le rayon et la longueur du piquet. Il est à rappeler que cette méthode ne prend en considération que l'épaisseur des couches et suppose qu'elles sont radialement infinies.

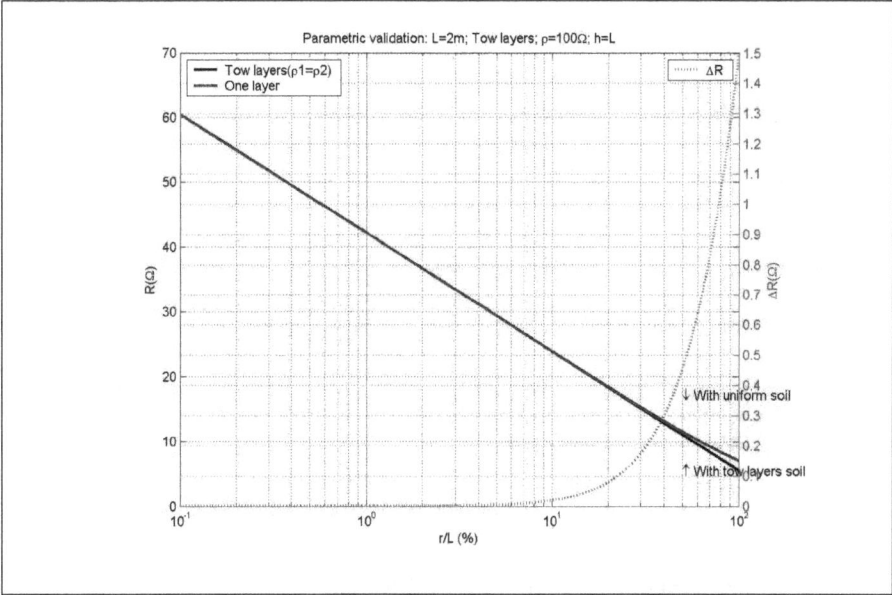

Figure III.8. Courbe de validation paramétrique de la MPA.

III.5.2. PRINCIPE DE LA NOUVELLE APPROCHE

La nouvelle contribution, dans le cadre de cette thèse, consiste à chercher une transformation mathématique de la méthode présentée (MPA) pour la rendre exploitable avec le cas des sols à volumes finis. Cette transformation se repose sur l'identification de deux éléments principaux :

- La distance pour laquelle le gradient du potentiel est négligé (D_∞) : la terre lointaine;

- Le passage du volume fini à un volume semi-fini

III.5.3. ELABORATION DE LA NOUVELLE APPROCHE

La notion de terre lointaine est très importante dans l'élaboration de ce travail. Sa définition et sa valeur contribuent d'une façon directe à l'identification des formules de passage d'un volume fini à un volume semi fini. Le graphe de la figure III.9 présente la démarche de l'intervention proposée.

90

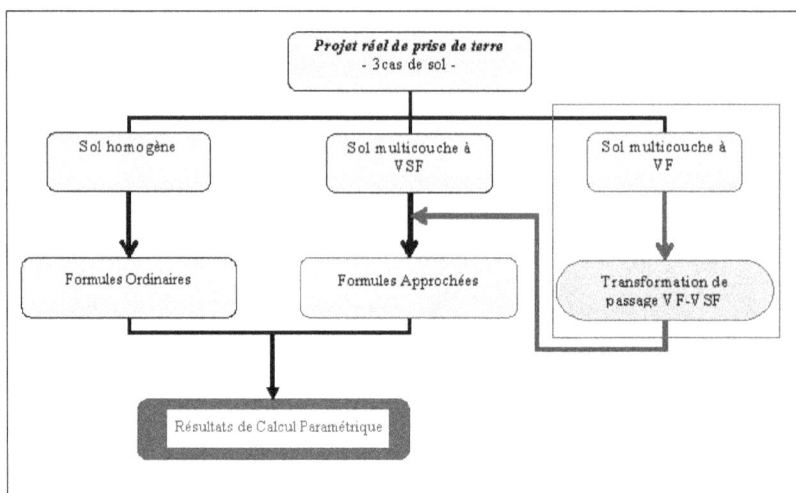

Figure III.9. Adaptation de la formule approchée à un sol de volume fini.

III.5.3.1. Terre lointaine et coefficient d'utilisation

La bibliographie indique différentes valeurs de la distance correspondante à la terre lointaine (§II.3.4). Dans le cadre de ce travail, on se repose sur les valeurs mesurées du coefficient d'utilisation, présentées au deuxième chapitre, pour évaluer la distance correspondante à la terre lointaine. En effet, le coefficient d'utilisation (§II.2.4.2) est un coefficient correctif de la valeur de la résistance équivalente d'une prise de terre constituée de plusieurs piquets disposés en parallèle.

Il est d'extrême importance de rappeler, qu'à partir de cette distance le coefficient d'utilisation reste toujours constant. Cette distance vaut théoriquement l'infinie. D'où la simplification de la notion d'infinie par adoption de la distance correspondante à un coefficient d'utilisation proche de l'unité. Évidement, le coefficient d'utilisation ne peut être, pratiquement égale à l'unité que pour une distance importante. Toutefois, les résultats du deuxième chapitre (§II.3.4) montrent que pour une distance D=4l, le coefficient d'utilisation est déjà de 96% dans une plage de variation de 92 à 99%. Pour une telle valeur intermédiaire du coefficient d'utilisation, on décide sur le choix de la terre lointaine à D=4l. À cette distance, une erreur de 4% du coefficient d'utilisation par rapport à l'unité engendre une augmentation de la résistance de 4,17%, telle que :

$$\Re = \frac{R}{0,96} = 1,0417.R \qquad \text{(III.81)}$$

En conclusion, on dégage le premier résultat :

> *La notion d'infinie joue le même rôle que la distance adoptée pour la terre lointaine qui vaut la double longueur du piquet.*

Soit :

$$D_\infty \approx 2.l \qquad \text{(III.82)}$$

III.5.3.2. Principe de Conservation du Volume

En se basant sur le principe du coefficient d'utilisation, la terre lointaine conduit à une approximation très importante en ce qui concerne le volume du sol réellement mis en jeux lors d'un défaut à la terre. Soit le deuxième résultat :

> *Un sol de volume fini, délimité par des dimensions de valeurs D_∞ est semblable à un sol infini, homogène, quelque soit la valeur de la résistivité aux alentours.*

C'est à partir de ces résultats qu'on dégage le *Principe* de *Conservation* du *Volume* de sol, tel que :

> *Un volume réel dont les dimensions sont inférieures à D_∞ est transformable en un volume fictif, de même forme, dont au moins une dimension est de valeur D_∞*

La transformation liée au principe de conservation du volume est imposée par la méthode de calcul choisie, dont les hypothèses correspondantes imposent aussi la nouvelle géométrie du volume fictif.

III.5.3.3. Formule de passage VF - VSF

C'est à l'aide de ce passage que la méthode approchée devient applicable aux prises de terre avec le modèle de sols multicouche à volume fini. Il s'agit d'une transformation du volume réel en un volume fictif, tenant compte de la dimension infinie ou plus simplement de D_∞.

Le volume fictif est donc de dimensions radiales égales à D_∞ et par l'application du principe de conservation du volume, la profondeur est facilement calculée. Dans ce cas les hypothèses imposées par la méthode approchée sont valables signifiant l'intégration de cette dernière pour le calcul des prises de terre dont les couches sont à volumes finis. Étant donné que la méthode approchée suppose que les couches sont radialement infinie, donc la transformation impose que le volume réel fini aura comme dimension radiale la valeur D_∞.

Lorsqu'il s'agit d'un volume réel de type cylindrique, V_C (m^3), lui correspond un volume fictif de même forme, de rayon r_C^* (m) égale à D_∞ et de profondeur h_C^* (m) telle que :

$$h_C^* = \frac{V_C}{\pi.D_\infty^2} \tag{III.83}$$

Lorsqu'il s'agit d'un volume réel de type parallélépipédique, V_P (m^3), lui correspond un volume fictif de même forme, de longueur et largeur r_P^* (m) égale à ($2.D_\infty$) et de profondeur h_P^* (m) telle que :

$$h_P^* = \frac{V_P}{4.D_\infty^2} \tag{III.84}$$

D'une façon générale, la démarche d'application de la nouvelle approche est donnée à la figure III.10.

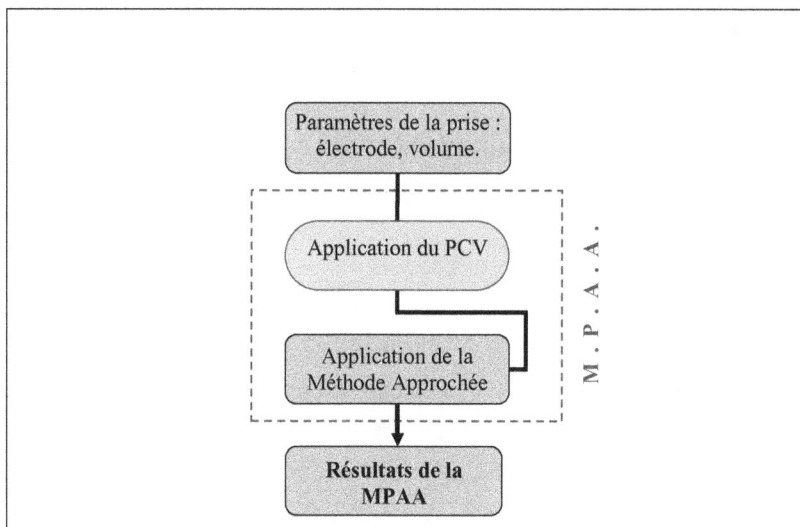

Figure III.10. Application de la nouvelle approche.

La démarche résultante est dite la Méthode Paramétrique Approchée par Approximation VF-VSF et notée MPAA.

III.5.4. VALIDATION DE LA NOUVELLE APPROCHE : MPAA

Actuellement, les méthodes numériques représentent l'unique issus pour l'analyse des prises de terre situées dans un sol multicouche de volume fini. En particulier, la BEM est la méthode la plus utilisée dans les travaux récents. Par le biais des résultats particuliers obtenus par cette méthode, on se propose de valider les résultats de la nouvelle approche.

Lorsque l'application de la nouvelle approche amène aux mêmes résultats que ceux obtenus par la BEM, on peut dire qu'elle est validée et ses résultats sont valables. Dans la phase de validation, on peut se baser sur un exemple de cas simple d'un sol bicouche, mais après validation, l'utilisation de la nouvelle approche surmonte la contrainte du nombre de couche et le choix est ouvert.

L'exemple choisi est celui fourni par [55] pour lequel, on considère qu'un piquet de rayon r_o=1 cm et de longueur l=0,5 m est enfoncé dans une prise de deux couches de résistivités ρ_1=20 Ω.m et ρ_2=100 Ω.m.

Le volume considéré étant parallélépipédique de longueur et largeur 1,414 m et de profondeur 0,707 m. Le volume réel est tel que :

$$V_P = 1,414 \times 1,414 \times 0,707 = 1,414 \ (\text{m}^3)$$
(III.85)

La résistance calculée, par la méthode BEM, étant : R_{BEM}=41,7 Ω. On se propose de chercher la valeur de h_P^* pour laquelle, avec la MPAA, on obtient la même valeur de la résistance de la même prise.

D'une part, la courbe de simulation de la résistance pour différentes valeurs de h par la MPAA est fournie à la figure III.11, indiquant que la résistance de 41,7 Ω, est obtenue pour la valeur de $h \approx 35$ cm. Plus exactement, on a :

$$h = 0,3565 \ (\text{m})$$
(III.86)

D'autre part, on cherche la valeur h_P^*, calculée d'après la formule (III.84) telle que :

$$h_P^* = \frac{1,414}{4 \times (2 \times 0,5)^2} = 0,3535 \ (\text{m})$$
(III.87)

En comparant (III.87) à (III.86), on a :

$$h_P^* \approx h$$
(III.88)

et le PCV est valable et les résultats de la MPAA convergent vers les résultats obtenus par la BEM.

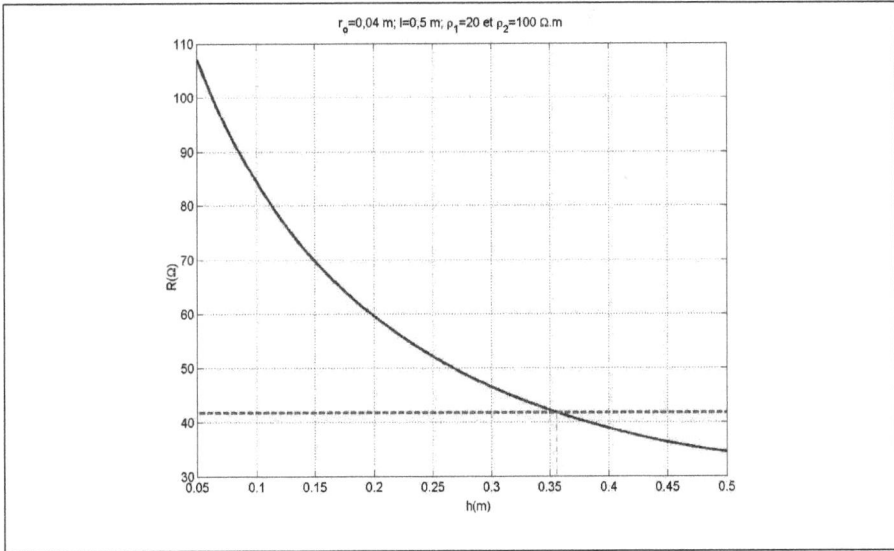

Figure III.11. Courbe de variation de la résistance en fonction de l'épaisseur de la couche supérieure, obtenue par la MPAA.

III.5.5. EXPLOITATION

Avec la MPAA, on cherche à déterminer le réseau de caractéristiques des coefficients de réduction de la valeur de la résistance, en fonction du volume du sol artificiel à dimensions transversales constantes. Le volume du sol additionnel (artificiel) est supposé de forme cylindrique de résistivité inférieure à celle du sol native. On note :

- r_a, le rayon du puit (m) ;

- h, l'épaisseur de la couche artificielle (m) ;

- R_∞, la résistance calculée pour un sol homogène;

- R_r, la résistance calculée pour un rayon r du puit artificiel;

- K_r, le coefficient de réduction de la résistance : $K_r = R_\infty / R_r$.

Dans la figure III.12, on présente le réseau de caractéristiques de K_r en fonction de la variation du rapport des résistivités et du rapport du rayon du puit par rapport à la longueur du piquet. Dans ce cas, l'épaisseur de la couche étant constante à $h=L/2$. Dans la figure III.13, on présente le réseau de caractéristiques de K_r en fonction de la variation du rapport des résistivités et du rapport de l'épaisseur de la couche supérieure par rapport à la longueur de piquet. Dans ce cas, le rayon du puit est constant à $r=D_\infty$.

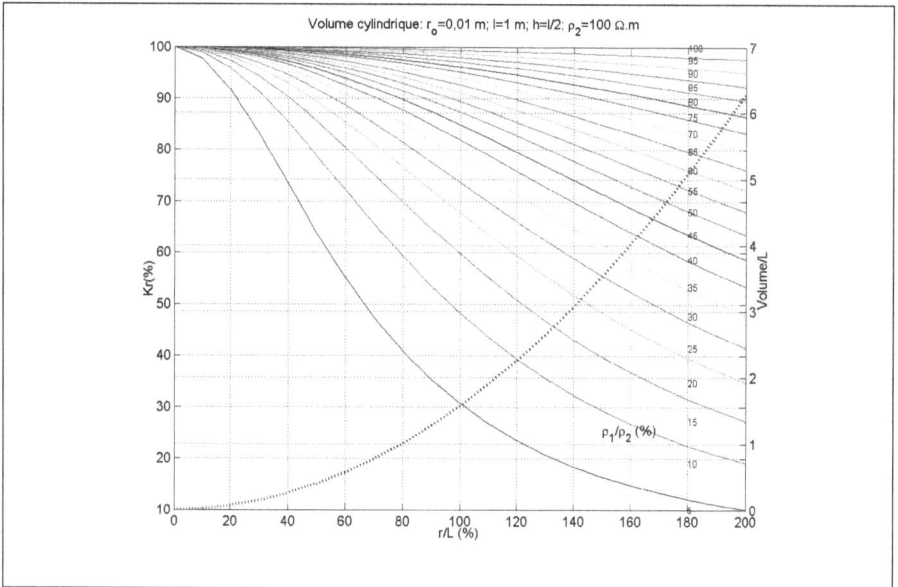

Figure III.12. Influence du rayon du puit sur la valeur de la résistance pour un sol bicouche, avec amélioration de la conductivité.

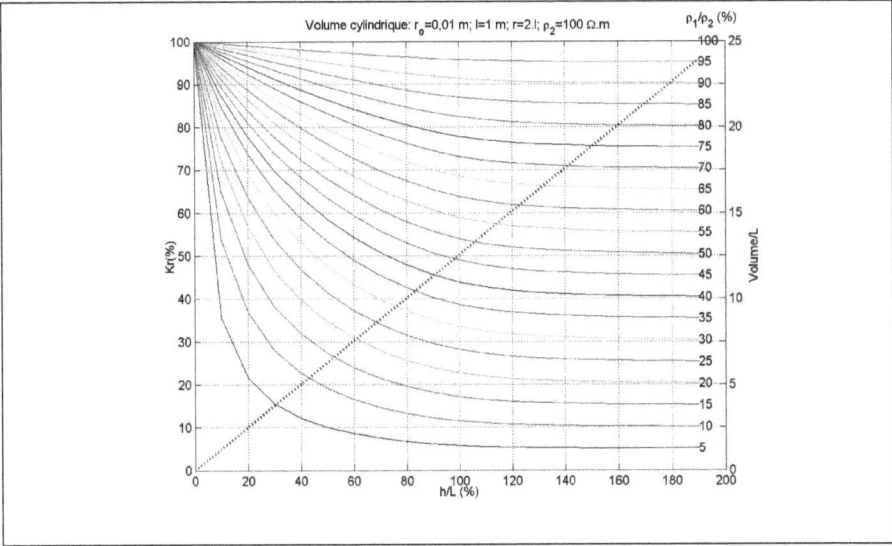

Figure III.13. Influence de l'épaisseur de la couche supérieure sur la valeur de la résistance pour un sol bicouche, avec amélioration de la conductivité.

Comme exemple d'exploitation des abaques des figures III.12 et figures III.13, on se propose de chercher les nouveaux paramètres d'une prise de terre améliorée au niveau de la conductivité du sol par ajout de matériau de faible résistivité, LRM, de volume bien déterminé. Le sol ordinaire est supposé de résistivité ρ_2=100 Ω.m et la résistance correspondante est R=10 Ω. On suppose que la résistance doit être réduite à la valeur normalisée R_N=3 Ω et la résistivité du LRM est de ρ_1=10 Ω.m. D'une part, le facteur de réduction de la résistance est tel que :

$$K_r = \frac{R_N}{R} = \frac{3}{10} \times 100 = 30\% \qquad (III.89)$$

D'autre part, le rapport des résistivités est tel que :

$$\frac{\rho_1}{\rho_2} = \frac{10}{100} \times 100 = 10\% \qquad (III.90)$$

En utilisant la figure III.12, le puit du LRM peut être de profondeur h=L/2 et de rayon

98

tel que : $\frac{r}{L}.100 = 147,94\%$, d'où $r = 1,5L$.

En utilisant la figure III.13, le puit du LRM peut être de rayon r=2L et de profondeur tel que : $\frac{h}{L}.100 = 27,82\%$ d'où $h = 0,3L$. Le volume demandé est de V=3,4 m^3.

III.6. GENERALISATION DE LA MPAA A UNE PRISE MULTIPLE ET MULTICOUCHE

Dans un cas général, la prise de terre peut être composée d'un ensemble de couches et un ensemble de piquets. La méthode MPAA est aussi valable dans ce cas selon le même principe mais avec la prise en compte de la valeur du coefficient d'utilisation selon la formule (II.27). L'organigramme de la figure III.14 montre la démarche d'application de la MPAA généralisée.

III.6.1. LIMITATIONS

La MPAA présente des avantages très significatifs par rapport à la méthode paramétrique approchée (MPA) et par rapport aux méthodes numériques telle que la BEM. En effet, d'une part, la MPA est aussi une méthode paramétrique mais qui se limite à des géométries semi infinies des couches du sol, donc non valable pour les couches de sol à volume fini. D'autre part, la BEM est limitée dans son utilisation aux applications simples ou simplifiées pour éviter les contraintes mémoire et temps de calcul. Cependant, elle est capable de traiter n'importe quelle cas de forme géométrique des électrodes et des volumes de sol. C'est à partir de ces constatations qu'on dégage les limites d'application de la MPAA pour laquelle, on est limité principalement par la forme géométrique des volumes du sol où on traite seulement les formes usuelles telles que les formes cylindriques et parallélépipédiques. La forme de l'électrode considérée par la MPAA représente une deuxième limitation mais qui revient à la MPA. Si par exemple on dispose d'une autre méthode paramétrique approchée valable pour une autre forme de l'électrode, par exemple une grille, avec le même principe de conservation de volume on pourra aboutir aux mêmes résultats que la MPAA. Donc la MPAA n'est qu'un cas particulier de l'exploitation du PCV. Ce cas reste très intéressant dans le domaine des prises de terre.

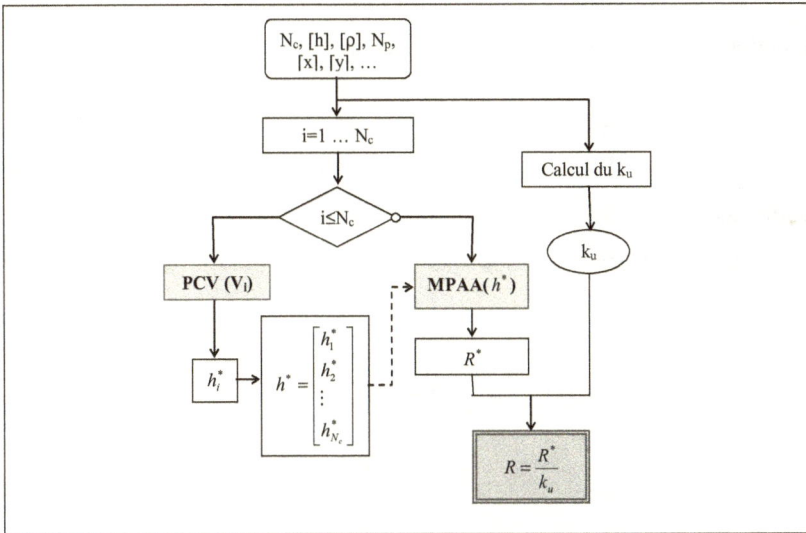

Figure III.14. Généralisation de la MPAA sur les prises de terre multiples et multicouche.

III.6.2. APPLICATION

Dans cette partie, on aborde un exemple de calcul appliqué à un projet réel utilisé par la STEG selon la figure III.15 [9]. Les données du problème sont telles que :

- Nombre de piquet, $N_p=3$;
- Distance entre les piquets, $D=30$ cm ;
- $L=2$ m ;
- $r_o=8,5$ mm ;
- $r=30$ cm ;

- Nombre de couche, N_c=5 ;

- h_1= h_3= h_5=10 cm ;

- h_2= h_4=15 cm ;

- ρ_1=ρ_3=ρ_5, résistivité du LRM(1);

- ρ_2=ρ_4, résistivités du LRM(2) ;

- ρ_5, la résistivité du sol ordinaire de haute résistivité.

Le vecteur volume correspondant aux couches est [V]=[0,0283; 0,0424; 0,0283; 0,0424; 0,0283] (m3) ; dont la somme est V_{Nc}=0,1696 m^3. Comme exemple d'application numérique, on prend ρ_1= ρ_3= ρ_5=5 Ω.m; ρ_2= ρ_4=20 Ω.m; et ρ_6=100 Ω.m Avec la MPA, la résistance est telle que : $R_{MPA} = 14,2748$ Ω.

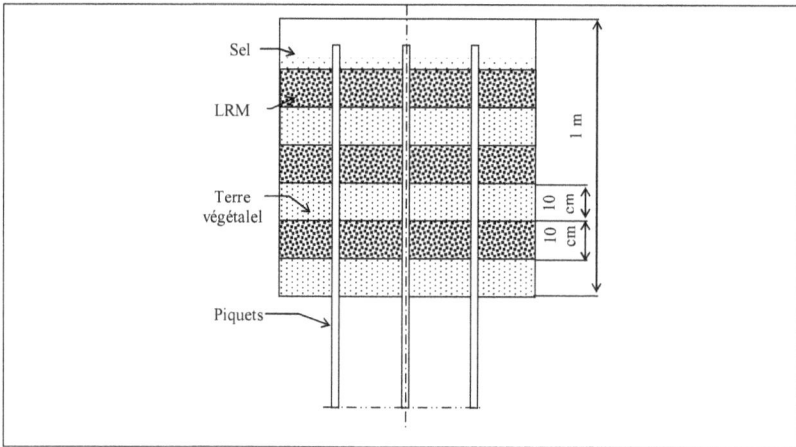

Figure III.15. Cas d'utilisation d'un sol artificiel multicouche [9].

Avec la MPAA, les résultats obtenus sont présentés dans le tableau III.1 selon le cas d'un volume cylindrique et parallélépipédiques. Le coefficient d'utilisation pour trois piquets distants de 30 cm est de ku=$0,54$ [8].

Tableau III.2. Résultats de calcul par MPAA.

Paramètres	Forme cylindrique	Forme parallélépipédique
Épaisseurs ramenées des couches (m)	$h_C^* = 10^{-3}[0,5625; 0,8438;$ $0,5625; 0,8438; 0,5625]$	$h_p^* = 10^{-3}[0,4418; 0,6627;$ $0,4418; 0,6627; 0,4418]$
Valeur de la résistance, pour un seul piquet (Ω)	$R_C^* = 48,7915$	$R_p^* = 48,8301$
Le coefficient de réduction de la résistance pour un seul piquet	$Kr_c = 0,2926$	$Kr_p = 0,2923$
Valeur de la résistance, pour trois piquets (Ω)	$R_C^* = 30,1182$	$R_p^* = 30,1420$
Le coefficient de réduction de la résistance pour trois piquets	$Kr_c = 0,4740$	$Kr_p = 0,4736$

Les résultats sont semblables pour les deux cas de forme géométrique des volumes des couches.

III.7. CONCLUSION

L'analyse des prises de terre réalisées dans un sol bicouche a fait l'objet d'un grand nombre de travaux dont les méthodes utilisées diffèrent. Avec la limitation des méthodes paramétriques à un sol bicouche, les chercheurs et les spécialistes ont adoptés de nouvelles méthodes purement numériques. Par conséquent, on a pu surmonter les problèmes de modélisation pour les formes les plus complexes des prises de terre et le potentiel peut être étudié dans les limites réelles des volumes des couches considérées. Toutefois, le modèle de sol bicouche reste encore le choix dominant pour les applications des travaux récemment réalisés. En fait, le sol bicouche représente le cas le plus simple de point de vue traitement mais ne correspond pas aux cas les plus rencontrés réellement.

La complexité du traitement numérique avec le sol multicouche a attirée l'attention de plusieurs chercheurs et spécialistes pour profiter de la propriété du traitement parallèle des prises de terre. Des moyens logiciel et matériels de pointe sont développés pour gagner les quelques secondes dans le temps de calcul.

Dans ce chapitre, on a pu trouvé un nouveau principe permettant l'adaptation d'une nouvelle approche paramétrique de calcul des prises de terre dans un sol multicouche. Cette approche est basée sur trois éléments de base tels que :

- La nécessité d'un modèle source ;
- L'application du PCV ;
- L'approximation VF-VSF.

Ainsi, on bénéficie de tous les avantages d'utilisation des méthodes paramétriques sans aucune limitation au niveau du nombre de couche. Les résultats obtenus sont validés et la réalisation des abaques d'optimisation dans le cas de sol multicouche peut apparaître pour la première fois. De tels abaques constituent la base d'optimisation de la structure métallique et géo-électrique de la prise de terre, qu'on discute dans le quatrième chapitre

CHAPITRE IV.

OPTIMISATION DES PRISES DE TERRE DANS UN SOL QUELCONQUE

CHAPITRE IV. OPTIMISATION DES PRISES DE TERRE DANS UN SOL QUELCONQUE

IV.1. INTRODUCTION

Dans une vue globale et à partir de ce qui est présenté dans les trois premiers chapitres, la prise de terre est très liée aux problèmes de sécurité dans un système électrique. C'est l'élément à travers lequel, on cherche la protection, la stabilité et la continuité de service dans une installation électrique. La solution commune entre ces objectifs attendus est la réalisation d'une surface ou liaison équipotentielle pour tous les éléments de l'installation, y compris le personnel intervenant. La liaison équipotentielle est utile au niveau du système lui-même, en réalisant des grilles, ainsi que entre le système et la terre par le biais des prises de terre.

Dans tous les cas, la norme impose des valeurs fixes pour la résistance équivalente et la mission de ce travail est de chercher une meilleure modélisation de cette résistance pour un dimensionnement et un calcul relativement précis. Les contraintes qui s'opposent à accomplir cette mission sont telles que : l'homogénéité du sol, le grand nombre de composant de la prise (électrodes et sol). Toutes les méthodes d'analyse utilisées sont basées sur quelques hypothèses de simplification du sol. Toutefois, la modélisation n'est pas toujours faisable et reste encore beaucoup de travail à faire pour chercher des méthodes non seulement précis et faisables, mais aussi économiques. Des travaux actuels comptent sur le développement des « gigantesques » machines parallèles et les techniques de la programmation parallèle pour gagner les quelques dizaines de secondes. Le problème de la durée de calcul est lié à la discrétisation utilisée dans les méthodes numériques.

Dans ce chapitre, on présente les résultats de recherche obtenus dans le cadre de cette thèse. Les premiers résultats sont présentés essentiellement sous forme de contribution dans la modélisation des prises de terre dans un sol multicouche de volume fini avec un gain très important dans le temps de calcul avec un ordinateur personnel ordinaire. Ces résultats sont obtenus grâce au nouveau principe de conservation de volume du sol des prises de terre. Les autres résultats représentent l'élaboration des abaques d'optimisation des prises de terre quelconques avec une grande variété de cas de figure. Les programmes informatiques servant au calcul, dimensionnement et optimisation des différents types de prises de terre seront aussi disponibles pour un développement et une exploitation future dans un cadre académique ou même industriel.

IV.2. OPTIMISATION DES PRISES DE TERRE DANS UN SOL ORDINAIRE

Dans cette partie, on exploite les résultats de calculs appliqués à un certains nombres de cas de figure des prises de terre, dont l'objectif principale est de collecter un ensemble de résultats graphiques sous forme de courbes ou d'abaques. Le choix de ces graphiques repose sur la généralisation de quelques applications ou bien sur des cas particuliers pour mettre en évidence certaines conclusions. Certains graphiques servent comme exemple d'application des programmes d'optimisation.

Les résultats obtenus touchent aux différentes techniques principales de réalisation des prises de terre, telles que les prises simples, les prises multiples, les grilles, les prises composées, les prises avec sol homogène et avec sol multicouche. D'abord, on commence par le cas le plus simple des prises multiples dans un sol homogène. Ensuite, on traite le cas des grilles de terre dans un sol homogène et bicouche pour terminer enfin, avec les prises multiples dans un sol multicouche. Dans le dernier cas, l'optimisation concerne, à la fois la partie métallique et la technique de présentation des couches du sol. Il est à remarquer que ces résultats ne peuvent pas satisfaire toutes les applications numériques et les valeurs utilisées, si c'est le cas, ne sont que arbitraires.

IV.2.1. PRISE DE TERRE MULTIPLE

Dans le cas des prises de terre multiple, on se trouve avec un nombre de piquets verticaux qui doivent être répartie d'une façon convenable dans une surface donnée. La disposition obtenue doit satisfaire une valeur fixe de la résistance et éventuellement une différence de potentiel prédéterminée. Le programme de base est destiné à calculer la valeur de la résistance propre à un piquet et celle de la prise. Les piquets peuvent être placés librement par l'utilisateur ou bien d'une façon automatique par le programme lui même.

En outre, le programme calcule toutes les grandeurs caractéristiques de la prise tels que :

– La distance de séparation des piquets, D (m) ;
– Les coordonnées cartésiennes et polaires des piquets ;
– Le coefficient d'utilisation, k_u ;
– Le Ratio, k_n ;
– La résistance, R (Ω) ;
– La différence de potentiel maximale, ΔU (V).

La démarche de simulation est traduite par le graphe de la figure IV.1. Ce programme peut être généralisé selon le nombre de piquet Np, selon la surface du sol disponible S ou bien selon les deux à la fois, pour aboutir à des résultats plus généraux qui rassemblent un maximum de cas.

IV.2.1.1. Effet de la variation de la surface d'occupation

Dans les figures IV.2, IV.3 et IV.4, on présente, respectivement, les résultats de calcul pour un nombre de piquet égal à 2, 3 et 4 pour lesquels la surface d'occupation varie jusqu'à une valeur de 100 m². Étant donné que le nombre de piquet est fixe pour chacun des cas, les courbes présentent une certaine stagnation au delà d'une certaine valeur de la surface. En effet, une surface d'implantation fixe, signifie que la distance de séparation des piquets est fixe. Lorsque la valeur de cette surface augmente, la distance augmente aussi et en se référant au principe du coefficient d'utilisation, à partir d'une certaine valeur de la distance donc de la surface, la variation des grandeurs électriques de la prise de terre sont négligeables.

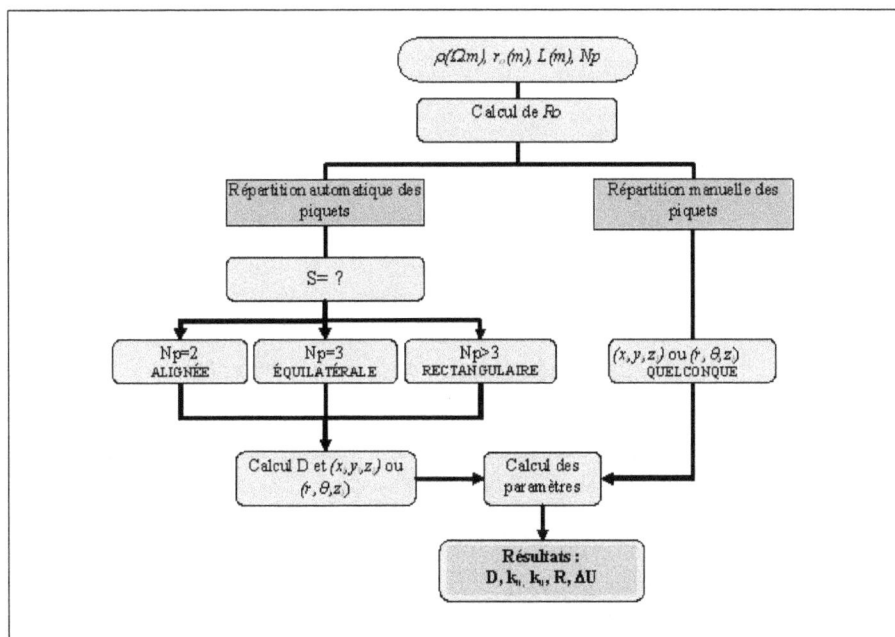

Figure IV.1. Calcul des paramètres d'une prise multiple.

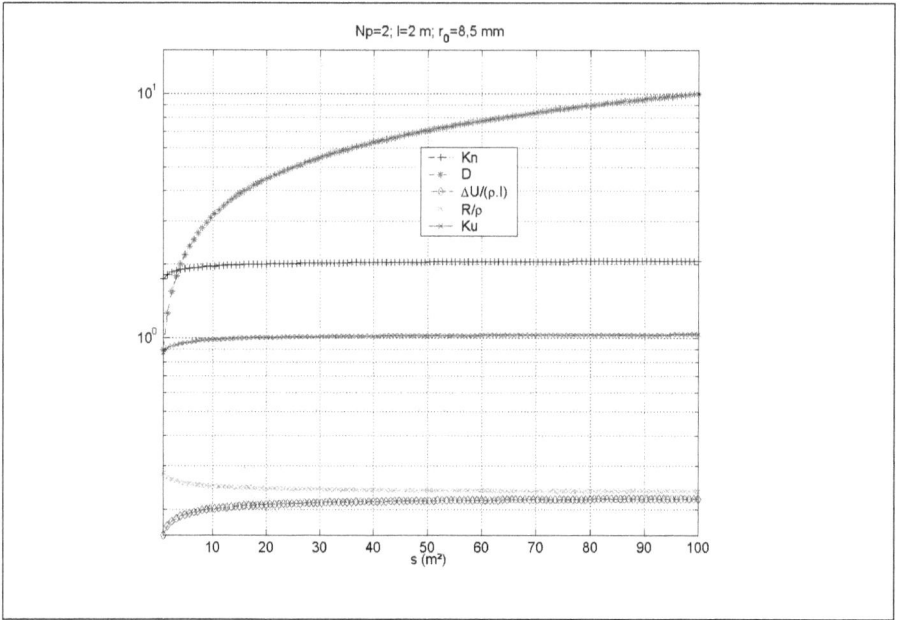

Figure IV.2. Effet de la variation de la surface pour : Np =2.

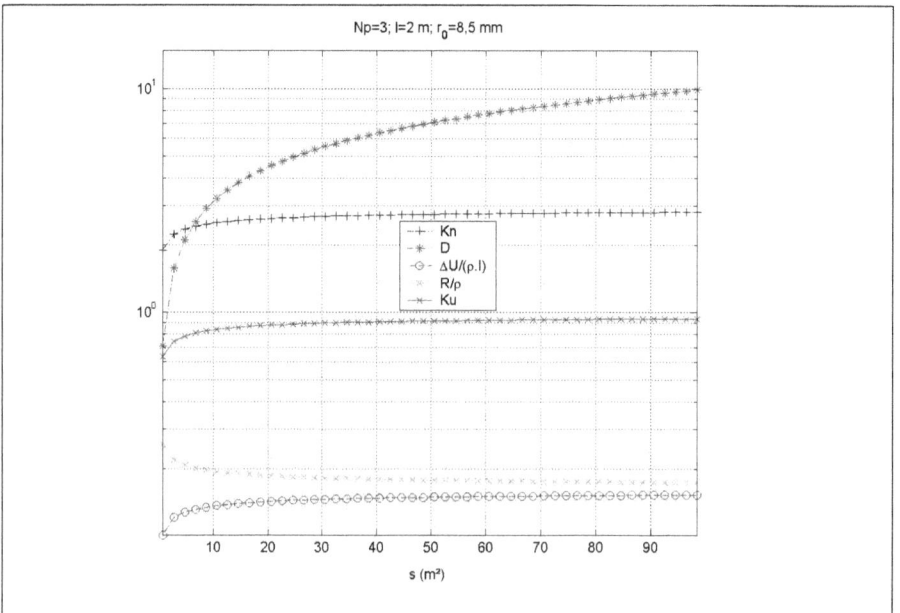

Figure IV.3. Effet de la variation de la surface pour Np=3.

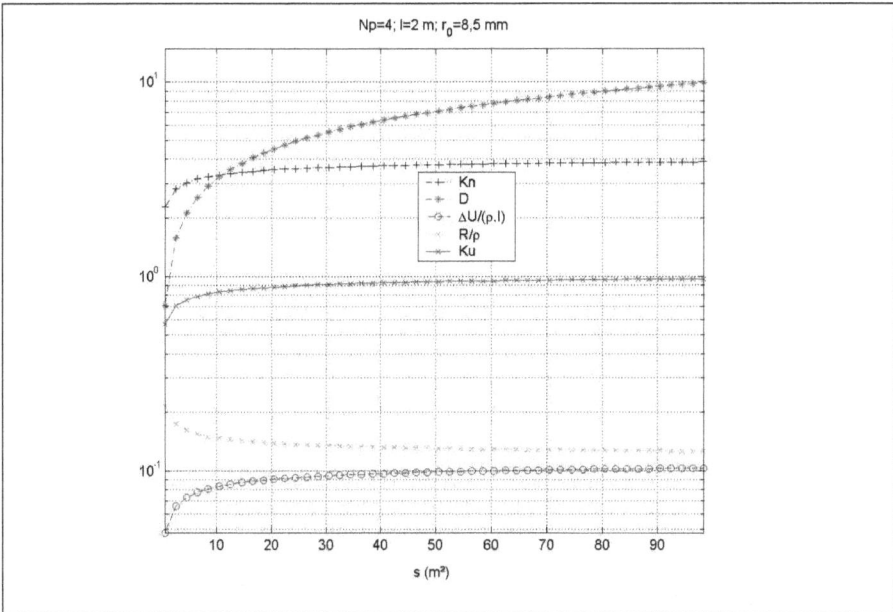

Figure IV.4. Effet de la variation de la surface pour Np=3.

IV.2.1.2. Effet de la variation du nombre de piquet

Lorsque le nombre de piquet augmente, la résistance équivalente diminue selon un coefficient qui dépend du nombre de piquet et surtout de la distance qui les sépare. Pour mettre en œuvre cette dépendance, on se propose d'étudier les résultats pour une surface de sol de 1 m², comme exemple, dans laquelle on implante un nombre de piquet de terre d'une façon progressive jusqu'à un nombre maximal de 100 piquets. La façon de répartir les piquets dans une surface donnée, prend deux étapes. En premier lieu, le programme essais de répartir les piquets d'une façon équitable sur toute la surface. En deuxième lieu, le programme rectifie les positions de quelques millimètres pour correspondre aux pas d'échantillonnage de la même surface. La figure IV.5, en montre les répartitions pour le cas choisi.

110

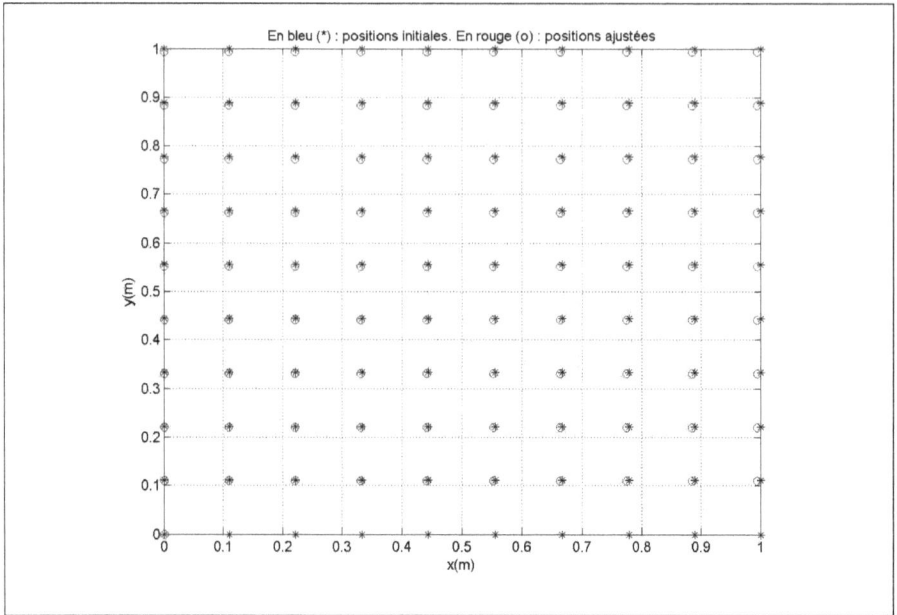

Figure IV.5. Positionnement automatique des piquets

Les résultats de simulation des paramètres de la prise en fonction du nombre de piquet, sont donnés à la figure IV.6.

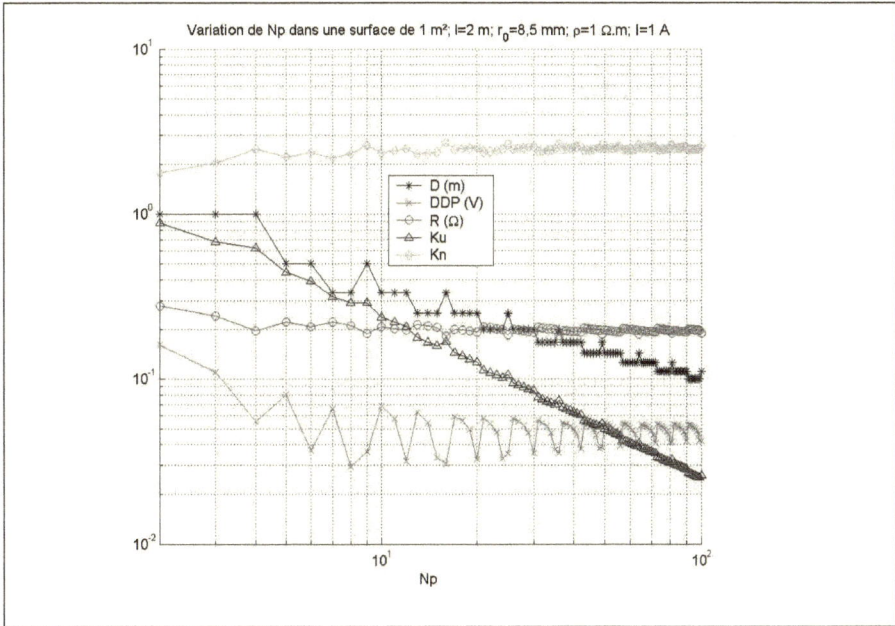

Figure IV.6. Caractéristiques de la prise en fonction du nombre de piquet.

IV.2.1.3. Effet de la variation de la surface d'occupation et du nombre de piquet

Les résultats des deux dernières sections peuvent être intégrée dans un seul graphe en présentant les résultats en fonction de la variation simultanée du nombre de piquet et de la valeur de la surface occupée. Les résultats sont donnés à la figure IV.7.

D'après le réseau des courbes obtenues, il est utile de signaler les remarques suivantes :

- Pour calculer les grandeurs électrique dans le cas d'une résistivité autre que celle choisie pour tracer les caractéristiques, il suffit de multiplier par le rapport des deux résistivités : celle utilisée et celle choisie.

- La différence de potentiel est présentée, généralement, pour une valeur unitaire du courant; pour une valeur donnée du courant il suffit de multiplier la valeur lue du

112

potentiel par la nouvelle valeur du courant.

- Les caractéristiques graphiques présentent des pics répétitifs lorsque le nombre de piquets varie au-delà de 4. Elles sont dues à la manière de la répartition automatique des piquets selon une disposition rectangulaire.

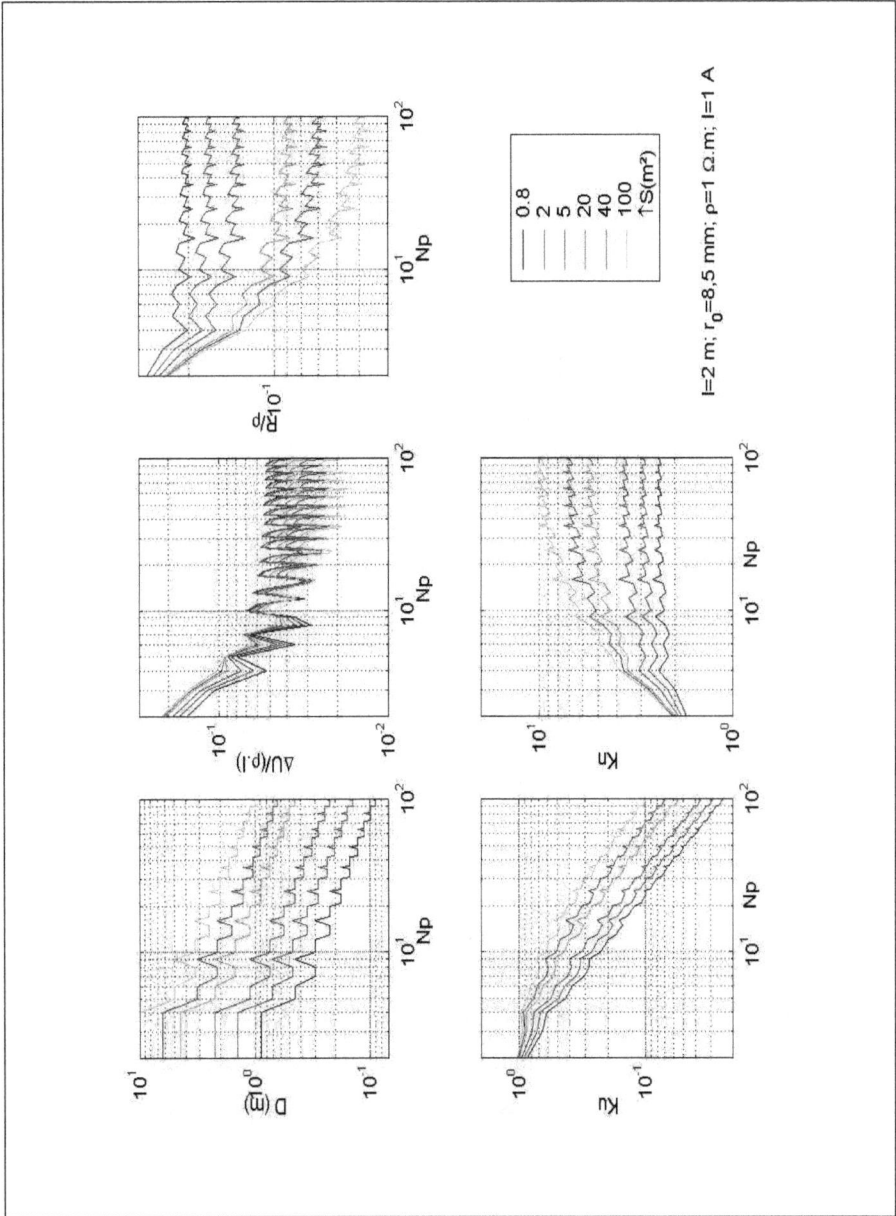

Figure IV.7. Caractéristiques, d'une prise multiple, en fonction de *Np* et *S*.

IV.2.1.4. Optimisation d'une prise multiple

Les étapes d'optimisation sont implantées dans un programme spécifique qui fournit les résultats, numériquement sans l'exploitation des abaques. La démarche utilisée est interprétée par l'organigramme de la figure IV.8.

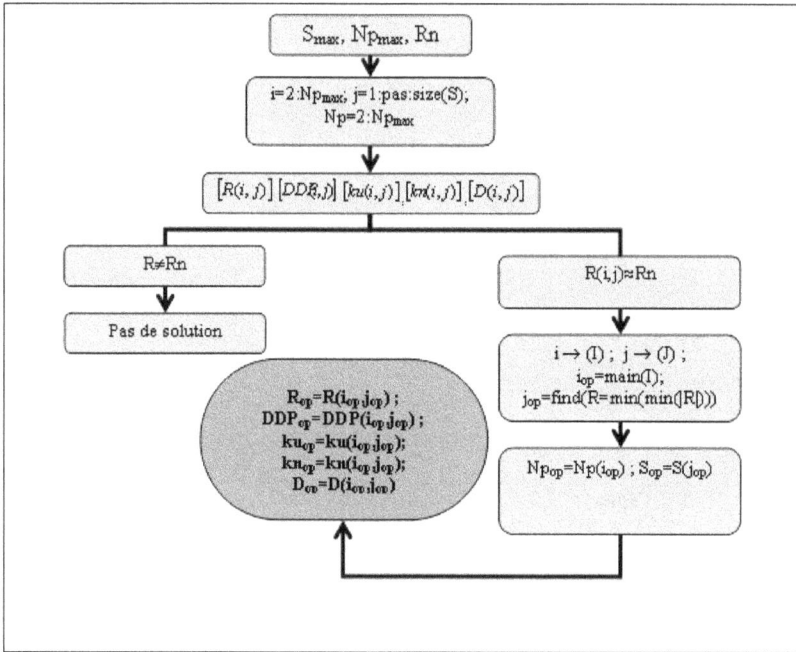

Figure IV.8. Démarche de l'optimisation d'une prise multiple.

Pour valider le programme d'optimisation, on choisi de résoudre deux exemples dont les données, les contraintes d'optimisation et les résultats sont récapitulés dans le tableau IV.1. Les résultats graphiques finaux, pour le deuxième cas, sont présentés à la figure IV.9.

Tableau IV.1. Résultats d'optimisation d'une prise multiple pour deux cas de figure.

	Cas 1.	Cas 2.
Données	L=2 m; r_o=8,5 mm; I=1 A; ρ=1 Ω.m	
Contraintes (max.)	Np=5 ; S=2 m² ; Rn=0,15 Ω.	Np=5 ; S=2 m² ; Rn=0,2 Ω
Résultats (op.)	<u>Pas de solution optimale.</u> Les valeurs proches : R=0,17896 Ω et D=1,4142 m	S=0,88 m² ; R_{op}=1,9959 Ω ; D=0,93808 m ; Np=4 ; DDP=0,054078 V ; ku=0,61339; kn=2,4536

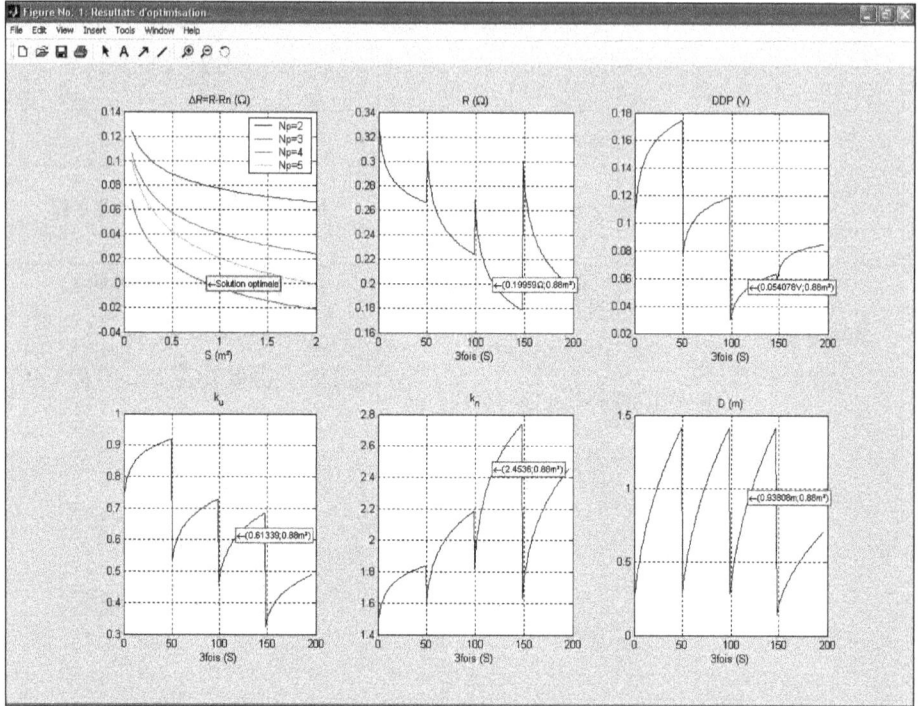

Figure IV.9. Résultats graphiques de l'optimisation d'une prise multiple pour un cas de figure

IV.2.1.5. Lecture des résultats et vérification

Lorsque la solution optimale n'existe pas, un message est affiché pour dire que les données et les contraintes imposées ne peuvent pas satisfaire la valeur de la résistance choisie. Cependant lorsque cette solution existe, des résultats numériques s'affichent et les courbes caractéristiques sont représentées simultanément sur un ensemble de six graphes indépendants (figure IV.9). Ces derniers seront indexés selon la ligne et la colonne correspondantes, tels que : (1_1), (1_2), (1_3), (2_1), (2_2), (2_3).

Pour lire graphiquement les résultats, on commence par le graphe (1_1) qui fournit la valeur de la différence des résistances, celle calculée selon les variables et

117

celle imposée : $\Delta R = Rn\text{-}R$. Les valeurs de R sont calculées pour les différents cas de valeur de Np et de S, d'où l'existence d'un réseau de quatre courbes correspondant, comme le montre la légende, aux différentes valeurs de Np. Si la solution optimale existe, au moins une des quatre courbes doit passer par le zéro. Dans ce cas, on prend la valeur de R la plus proche de zéro par valeur négative.

Dans la figure IV.9-(1_1), la coupure à zéro est obtenue par la courbe correspondante à un nombre de 4 piquets, tandisque pour $Np=5$, la courbe est à peine nulle par valeurs positives. Les cas de $Np=2$ et 3, présentent des caractéristiques complètement positives ce qui veut dire qu'ils sont incapables d'aboutir à l'optimisation. La solution optimale consiste à choisir la moins coûteuse qui correspond au minimum de piquet. Cela correspond au nombre de piquet $Np=4$.

Au niveau du graphe (1_2), il est plus facile de lire les valeurs de la résistance calculée qui sont fournies dans quatre zones successives ($Np=2$, 3, 4 et 5) en fonction chacune de la surface S. L'axe des abscisses correspondant est de longueur ($Np-1$) fois la longueur du vecteur surface. Étant donnés les coordonnées de la solution optimale (Np_{op},S_{op}), il est facile de déterminer les valeurs correspondantes de la différence de potentiel, d'après le graphe (1_3), du coefficient d'utilisation, d'après le graphe (2_1), du ratio, d'après le graphe (2_2) et de la distance de séparation, d'après le graphe (2_3). D'après les courbes obtenues, il est facile d'expliquer l'échec de l'optimisation du premier cas.

Pour procéder à la vérification des résultats, on récapitule les résultats de l'exemple choisi, soient : $S=0,88$ m² ; $R_{op}=0,19959$ Ω ; $D=0,93808$ m ; $Np=4$; $DDP=0,054078$ V ; $ku=0,61339$; $kn=2,4536$.

Pour vérifier les grandeurs obtenues, on se ramène à la figure IV.7. Sachant les valeurs de S, Np, ρ et I, le courant et la résistivité sont unitaires, donc les valeurs de la figure IV.7 sont directement applicables. Soient pour $S=2$m² (courbe de couleur verte) et $Np=4$, on a :

- $D \approx 0,9$ m ;

- $DDP \approx 0,052$ V ;

- $R \approx 0,2$ Ω ;

- $k_n \approx 2,4$;

- $k_u \approx 0,6$.

Les résultats sont bien vérifiés et correspondent à celles présentées graphiquement.

IV.2.2. PRISE DE TERRE COMPOSEE

Les principaux paramètres d'une telle prise sont, la surface d'occupation, les dimensions de la cellule de la grille, la longueur sommaire des conducteurs horizontaux, le nombre des piquets verticaux et les dimensions des électrodes. Un projet de prise de terre composée doit satisfaire une équipotentialité horizontale et verticale par réduction de la différence de potentiel maximale susceptible d'apparaître entre deux point quelconques de sa surface et de la résistance par rapport à la terre. Il est à remarquer que, réduire la résistance de terre signifie la réduction de la différence de potentiel entre un point, dans la surface de la grille et un point quelconque situant en dehors de la même surface.

L'optimisation des prises de terre composées revient à déterminer leurs caractéristiques minimales qui garantissent une valeur limite de la résistance de terre et de la différence de potentiel maximale. Dans cette section, on commence par la présentation de l'organigramme de la démarche de saisie et de calcul de la prise composée. Ensuite, les organigrammes des différentes approches d'optimisation. Enfin, un exemple d'application permet de mieux suivre les démarches présentées. Le calcul de la résistance et de la différence de potentiel est effectué respectivement selon la formule (II.28) et (II.31). Le calcul ordinaire des grilles de terre est réalisé selon la structure de l'organigramme de la figure IV.10. La rectification éventuelle des paramètres de la prise est effectuée dans le but de respecter une forme carrée de la grille et de ses cellules. Lorsque la simulation est effectuée, dans une marge de variation des variables caractéristiques de la prise, on obtient des caractéristiques généralisées qui peuvent être exploitées graphiquement sans nécessité de calcul.

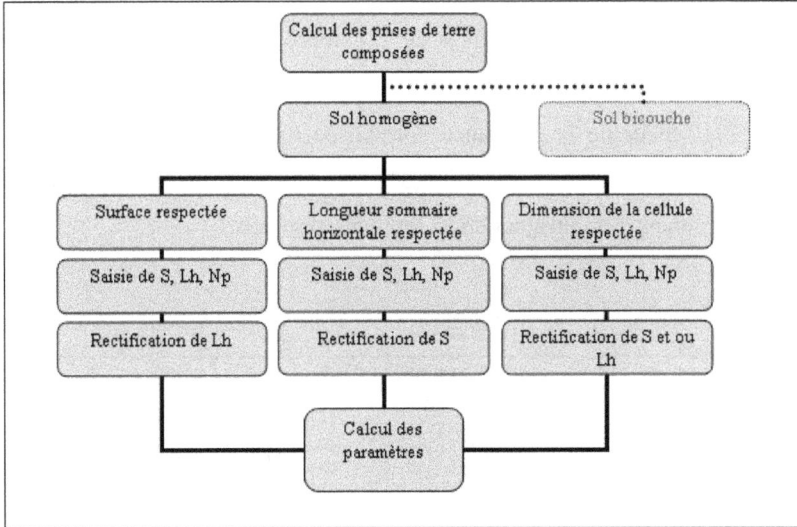

Figure IV.10. Architecture du programme de calcul des prises de terre composées.

IV.2.2.1. Simulation généralisée

La simulation généralisée permet d'obtenir des caractéristiques graphiques pour la lecture directe, de la résistance et de la différence de potentiel maximale, dans une marge importante de variation des différentes variables caractéristiques d'une prise de terre composée. Les résultats graphiques qu'on présente à la figure IV.11, IV.12, IV.13 et IV.14, expriment les résultats normalisés, par rapport au courant électrique (I=1A) et à la résistivité électrique (ρ=1Ω.m), en fonction de la variation simultanée de :

- La surface d'occupation ;
- La longueur horizontale sommaire ;
- Le nombre de piquets verticaux.

Comme exemple d'exploitation des courbes obtenue, supposant qu'on dispose

120

d'une grille de terre implantée à une profondeur de 0,5 mètre et qui s'étale sur une surface de 100 m² avec une longueur sommaire des électrodes horizontales de 100 m. La résistance mesurée est de 4,2 Ω pour une résistivité de 100 Ω.m. On demande de déterminer le nombre de piquet implantés et le nombre à ajouter pour réduire sa résistance à une valeur de 3,5 Ω. Le tracé de la résistance est donné à la figure IV.15 et pour lequel, la valeur de la résistance normalisée (0,042) correspond à $Np=1$ piquet. Pour réduire la résistance à 3,5, soit 0,035 la valeur normalisée, le nombre de piquet est de 173 piquets. Soit un ajout de 172 piquets verticaux.

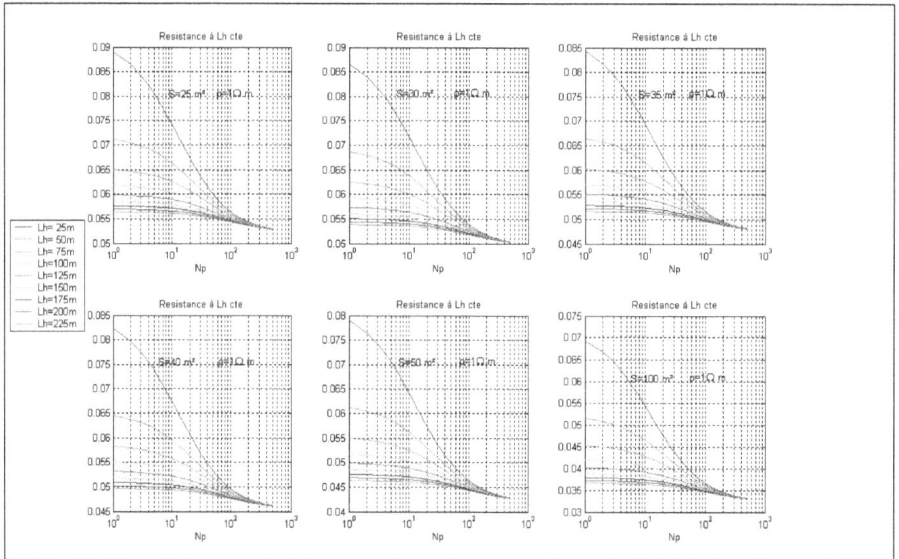

Figure IV.11. Résistance d'une prise de terre composée – 1ère marge de variation.

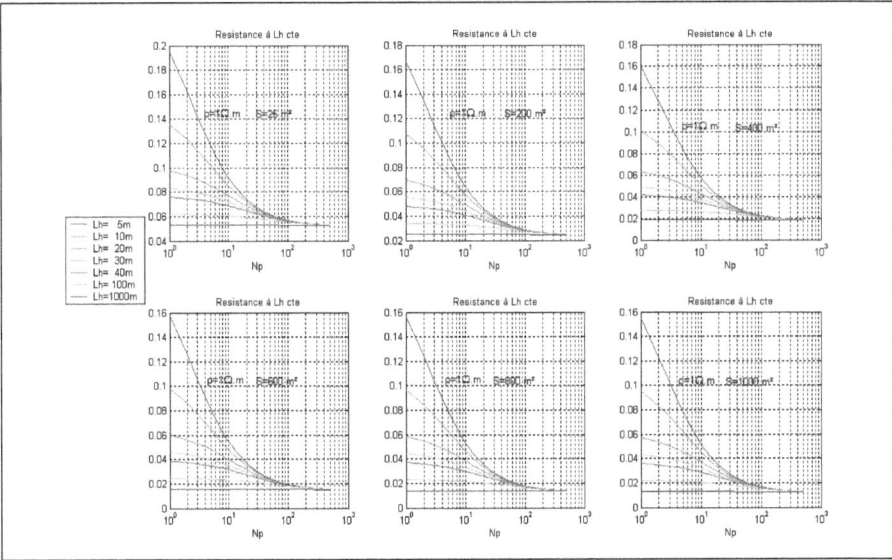

Figure IV.12. Résistance d'une prise de terre composée – 2ème marge de variation.

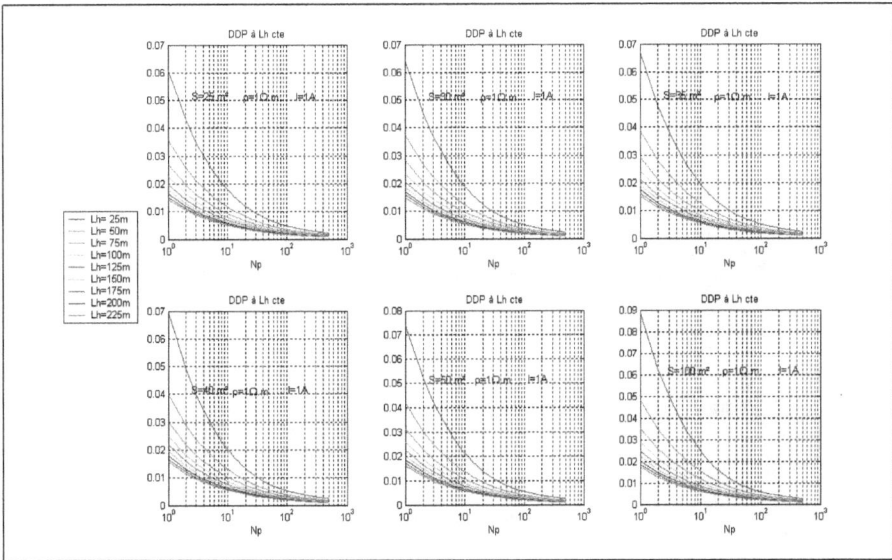

Figure IV.13. DDP d'une prise de terre composée – 1ère marge de variation.

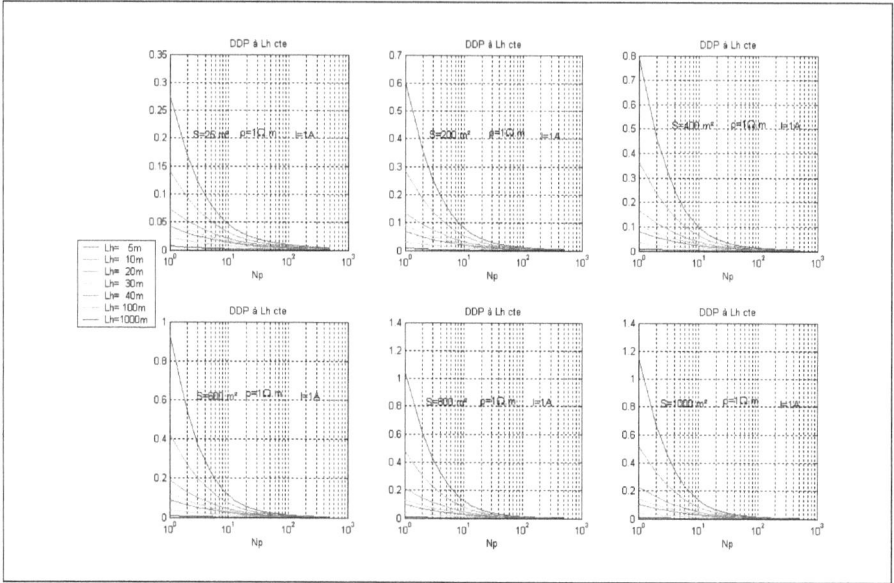

Figure IV.14. Résistance d'une prise de terre composée – 2ème marge de variation.

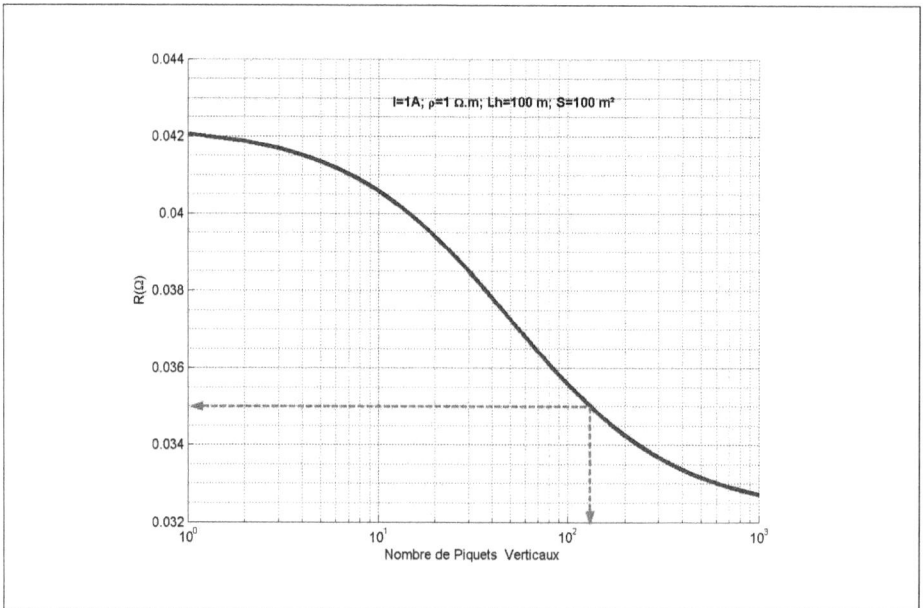

Figure IV.15. Exemple de variation de la résistance d'une grille en fonction du nombre de piquets.

IV.2.2.2. Démarche et exemple d'optimisation

L'optimisation des prises de terres composées doit amener à des dimensions minimales de ses composants en respectant une valeur maximale de la résistance et ou une valeur maximale de la différence de potentiel. L'ensemble des paramètres à optimiser sont le nombre de piquets verticaux, le nombre d'électrodes horizontales et la surface d'occupation. Par simplification, on suppose que la surface d'occupation peut être choisie par l'utilisateur et est considérée comme donnée pour l'optimisation. Le programme doit calculer les vecteurs $[Lh]$ et $[N_p]$ satisfaisants la contrainte précisée.

Il est à remarquer que, le faite d'imposer la valeur de la surface ne réduit pas les performances et l'utilité du programme d'optimisation par ce que réellement, la protection demandée doit couvrir une zone dont la surface est celle qu'on impose. La démarche de simulation de l'optimisation est présentée selon l'organigramme de la figure IV.16.

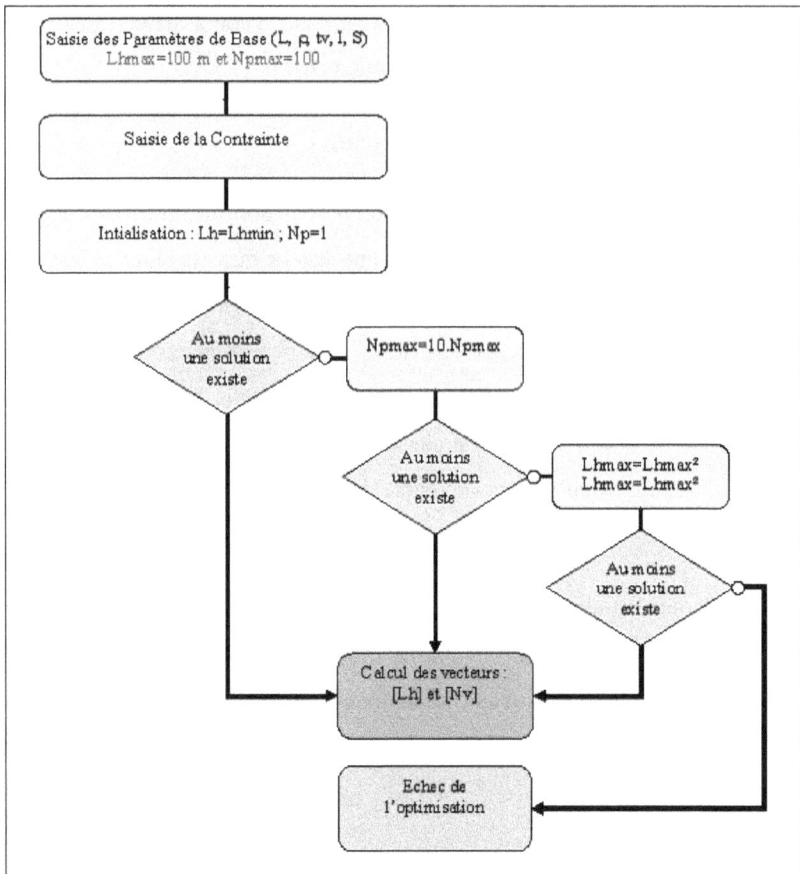

Figure IV.16. Optimisation des prises grilles de terre.

Dans la suite, on se propose un exemple d'application de l'optimisation d'une grille de terre satisfaisant une résistance donnée. L'interface de saisie des paramètres de base et de la contrainte, telles que $S=25$ m² et $R=1,5$ Ω, est présentée à la figure IV.17. Après simulation, le programme présente l'interface de lecture des résultats (figure IV.18) avec le rappel des valeurs de R et de S. La distance optimale représente la distance de séparation des piquets verticaux à $Np=51$; le vecteur $[Lh]=(23, \ldots ,Lh_{max})$ et le vecteur $[Np]=(1, \ldots ,51)$.

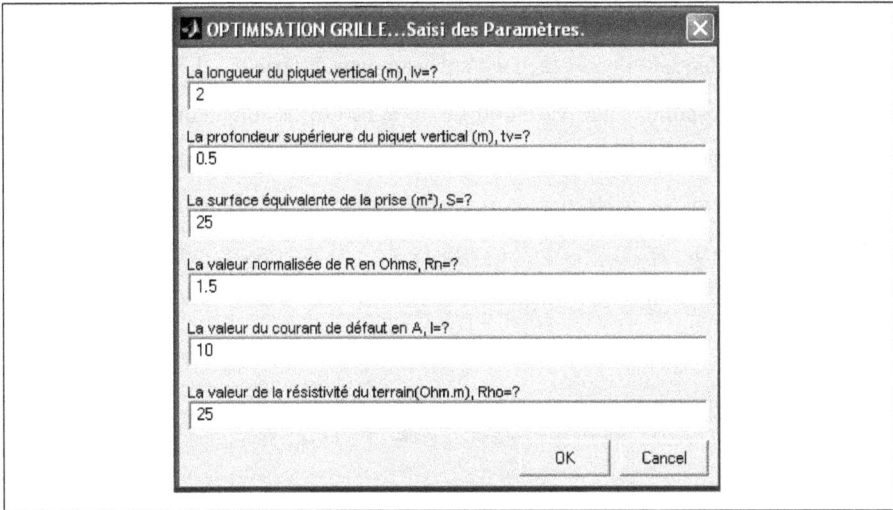

Figure IV.17. Interfaces utilisateur de saisie des paramètres d'optimisation d'une grille.

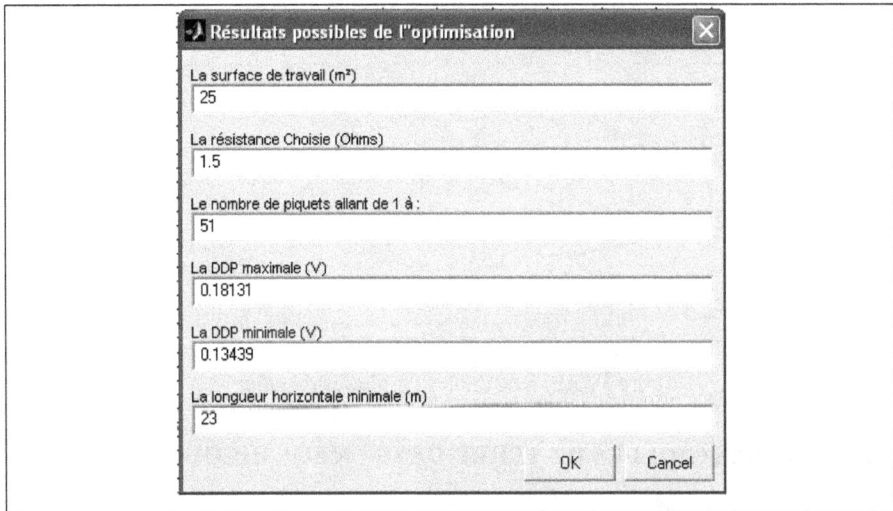

Figure IV.18. Interfaces utilisateur de lecture des résultats d'optimisation d'une grille.

Dans la figure IV. 19, on présente les courbes de variation des différents paramètres en fonction de la variation de Np. Il est facile de dégager la valeur de Lh correspondant à un point donné, à partir de la même figure. On remarque que la

126

valeur optimale de la résistance (1,5), peut être obtenue en variant *Np* jusqu'à 51 piquets, au delà duquel la résistance est suffisamment inférieur à 1,5 Ω. Cette marge de variation correspond à une variation de 20 à 120 m de longueur *Lh*. Enfin, on a prévu déterminer, pou les mêmes marges, les valeurs correspondantes de la taille de la cellule carré et de la différence de potentiel maximale. Comme un choix, on peut utiliser une grille de *S*=25 m², *Np*=51 piquets, *Lh*=20 m correspondant à une cellule de coté égale à 5 m et une *DDP* maximale d'environ 0,18 V.

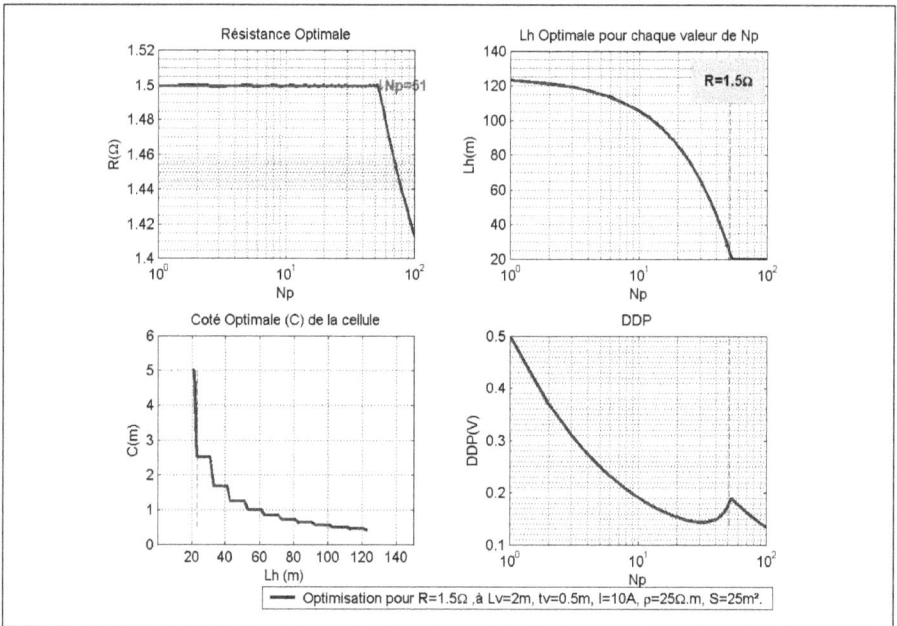

Figure IV.19. Résultats graphiques de calcul.

IV.2.3. CAS DES GRILLES DE TERRE DANS UN SOL BICOUCHE

Le calcul des grilles de terre dans un sol bicouche est effectué sur la base de la formule (II.28). Les formules considérées ne tiennent pas compte du volume fini des couches et l'application du principe de conservation du volume est nécessaire. L'application du PCV est utilisée en respectant la formule (III.84) par rapport à la longueur des piquets verticaux. Pour déterminer l'expression des épaisseurs des couches ramenées, on suppose que les piquets sont uniformément répartis sur le contour de la grille. L'expression de l'épaisseur fictive de la couche est telle que :

$$h_p^* = \frac{V_p}{S'} \tag{IV.1}$$

S constitue la surface du volume réel et V_p le volume parallélépipédique fictif tel que :

$$V_P = \left[S + \left(2l_v \times 4 \times \sqrt{S} + 4 \times 2l_v \times 2l_v \right) \right] \times h = \left[S + 8l_v \times \left(\sqrt{S} + 2l_v \right) \right] \times h \tag{IV.2}$$

L'expression (IV.1), devient :

$$h_p^* = \frac{h}{S'} . \left[S + 8.l_v \times \left(\sqrt{S} + 2.l_v \right) \right] \tag{IV.3}$$

Le dessin de la figure IV.20, représente une grille implantée dans un volume fini réel et le volume fictif associé.

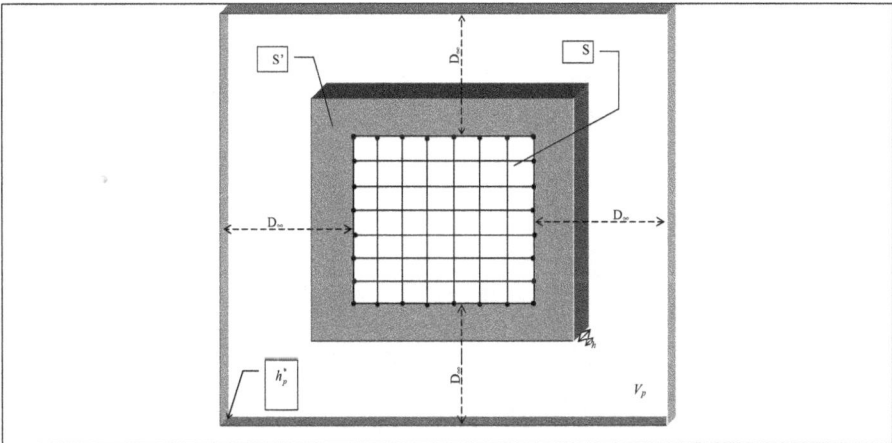

Figure IV.20. Volume fictif associé à une grille dans un volume fini.

IV.3. OPTIMISATION DES PRISES DE TERRE DANS UN SOL MULTICOUCHE

Une prise multicouche est en faite, un ensemble de choix de la structure du sol aux alentours de la prise et des électrodes ainsi que leurs caractéristiques. L'optimisation d'une telle prise fait appel donc à deux étapes successives. La première étape consiste à optimiser la technique d'organisation des couches du sol artificiel de pont de vue, nombre et caractéristiques électriques et géométriques des couches. La deuxième étape concerne l'optimisation vis-à-vis de ses caractéristiques géométriques et électriques en se référant à la technique optimale. On se propose de chercher les caractéristiques de la technique optimale et d'examiner par la suite les réseaux des caractéristiques électriques de la prise de terre.

Dans l'analyse de la première étape et concernant la partie métallique, on prend le cas simple d'un piquet vertical, de longueur L (m) et de rayon r_o (mm), implanté dans un sol infini et partiellement remplacé par un sol artificiel (LRM) de volume fini. On suppose toujours que le piquet est au milieu du sol artificiel, considéré de forme cylindrique. Le programme de calcul des prises de terre dans un sol multicouche est représenté par l'organigramme de la figure IV.21.

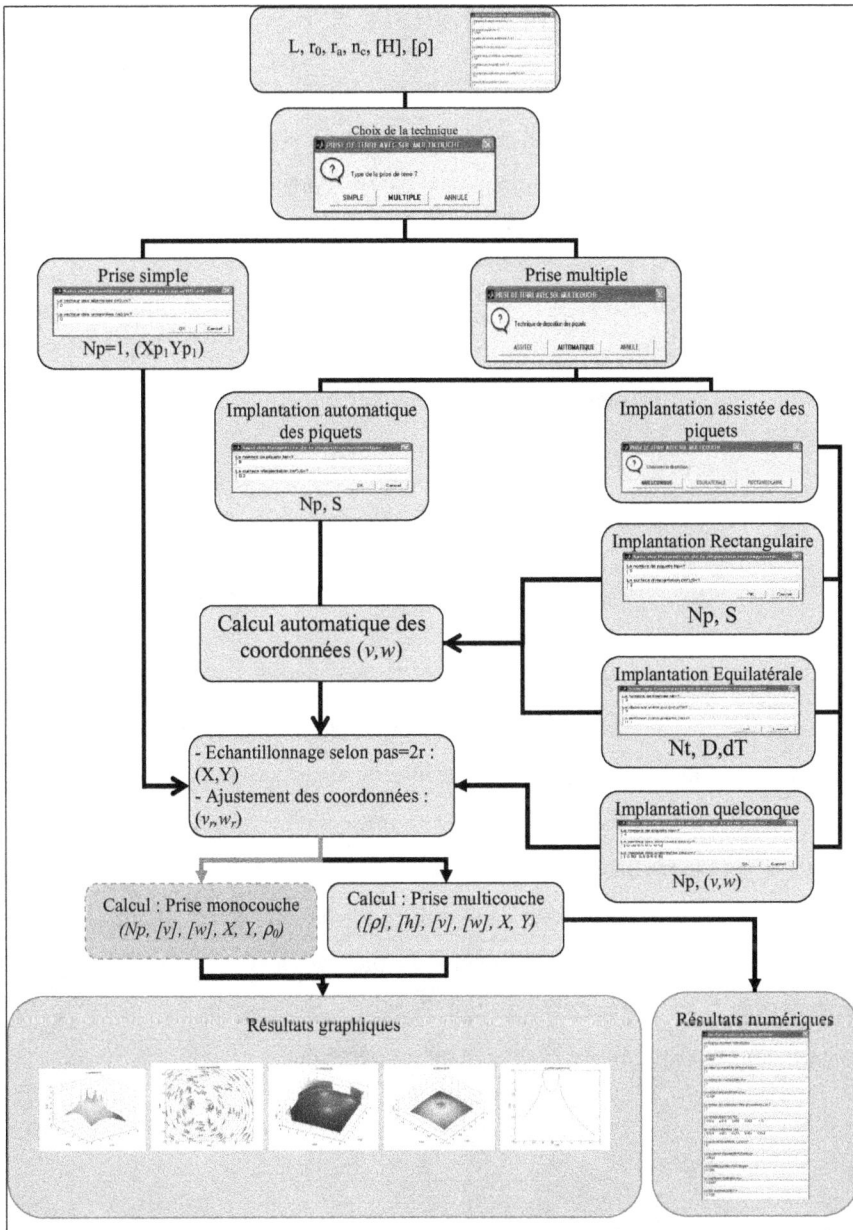

Figure IV.21. Diagramme de calcul des prises de terre dans un sol artificiel.

IV.3.1. OPTIMISATION DU SOL ARTIFICIEL

Dans cette section, on se propose d'étudier l'influence des caractéristiques du sol artificiel, supposé monocouche, sur la résistance de la prise de terre. Le volume du sol artificiel est caractérisé essentiellement par trois grandeurs telles que :

- Le rayon, r_a (m) ;
- La profondeur, H_a (m);
- La résistivité, ρ_a (Ω.m).
- En premier lieu, on considère que le sol contient une seule couche artificielle de volume fini.

IV.3.1.1. Effet de la profondeur de la couche artificielle

Dans la figure IV.22, on trace le réseau des courbes de la résistance en fonction de la dimension transversale H_a de la couche artificielle et cela pour plusieurs cas de la résistivité. La longueur étant de L= 2 m et le rayon r_a=2L=4 m. Les résultats obtenus montrent que lorsque la profondeur de la couche artificielle, de plus faible résistivité par rapport au sol natif, augmente, la résistance est fortement réduite, en fonction de la résistivité du LRM. A une certaine valeur, la réduction de la résistance est presque la même est ne dépend pas de la différence entre les valeurs des résistivités. Cette différence est de l'ordre de 0,6 Ω pour une profondeur correspondant à la moitié de la longueur du piquet. On peut dire donc, que la modification du sol à une profondeur de L/2 est très importante (bénéfique) et au-delà de cette profondeur elle est beaucoup moins bénéfique.

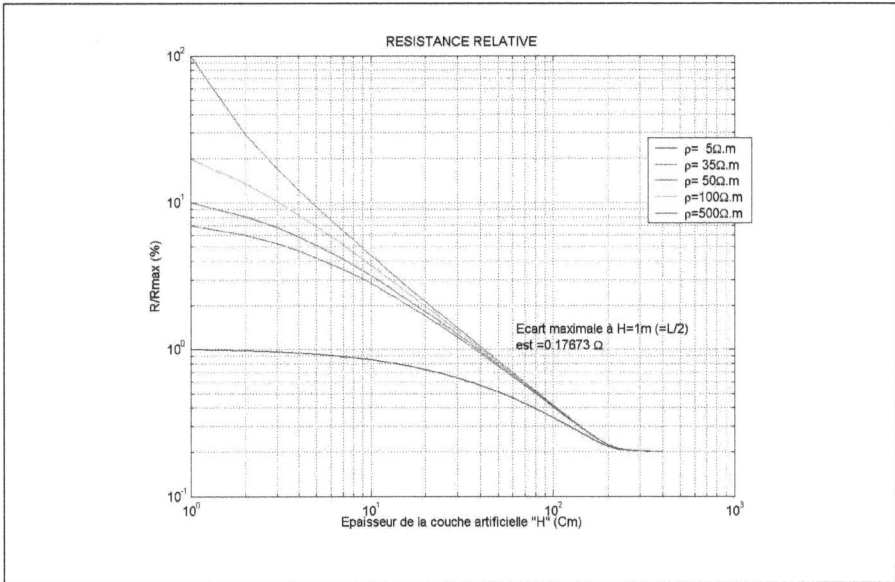

Figure IV.22. Effet du sol artificiel sur la résistance de la prise en fonction de la résistivité.

Pour mieux évaluer la variation relative de la résistance en fonction de la profondeur, on propose à la figure IV.23, le taux de réduction de la résistance en fonction de la profondeur. D'après la courbe résultante, la variation de l'erreur calculée est nettement importante pour les faibles valeurs de la profondeur. Cette variation devient remarquablement lente à partir de $h_a = L/2$.

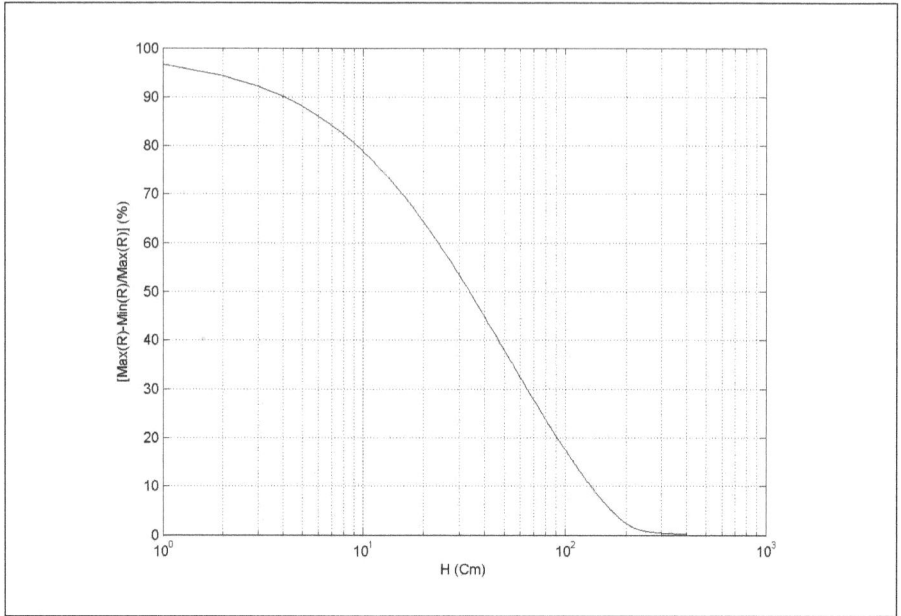

Figure IV.23. Amélioration de la résistance en fonction de la profondeur du sol modifié.

En conclusion, pour remplacer le sol natif par un LRM, il faut envisager une profondeur de 50% de la longueur du piquet.

IV.3.1.2. Effet de la largeur de la couche artificielle

Dans la figure IV.24, on trace la même courbe que celle de la figure IV.23 en variant la dimension radiale r_a de la couche artificielle et cela pour plusieurs cas de la résistivité.

Contrairement à ce qu'on a dégagé comme conclusion sur l'exploitation transversale du sol artificiel, sur le plan radial, il est fortement recommandé de ne pas se limiter à un rayon correspondant à la moitié de la longueur du piquet. Il faut plutôt, élargir au maximum le puit pour atteindre au moins un rayon de 150% la longueur du piquet.

En conclusion, pour modifier le sol natif par un LRM, il faut envisager une largeur d'environ 150% de la longueur du piquet.

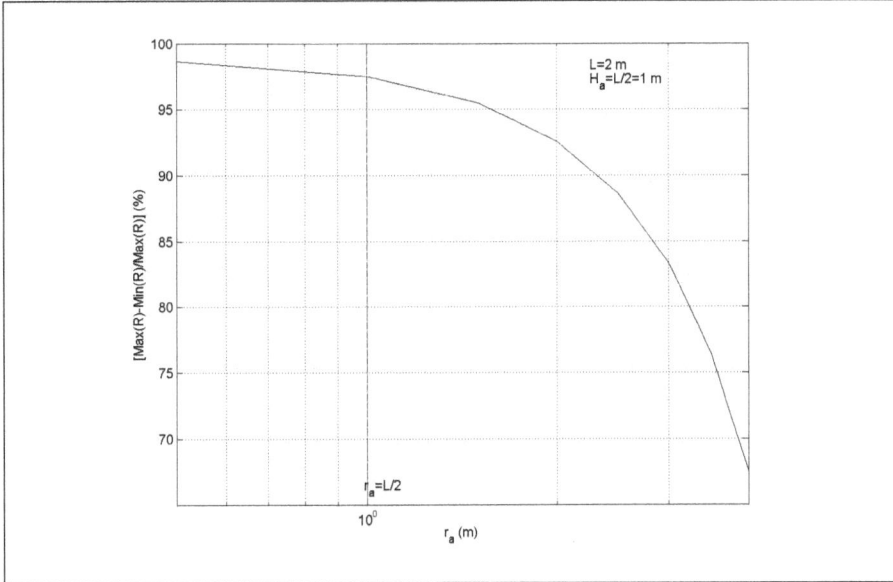

Figure IV.24. Amélioration de la résistance en fonction du largueur du sol modifié.

IV.3.2. PROPORTION DES PROFONDEURS DES COUCHES ARTIFICIELLES

Dans certains cas réels, le sol artificiel est constitué de plusieurs couches de différentes caractéristiques électrique et géométrique. Dans cette section, on suppose que le sol artificiel est composé de deux types de LRM, de résistivités ρ_1 et ρ_2 toutes les deux inférieures à ρ_0, la résistivité du sol natif. À travers les courbes résultantes, on essaie de déterminer une caractéristique dimensionnelle optimale relative des deux couches considérées. La profondeur sommaire du sol artificiel correspond à la somme des épaisseurs des deux couches telle que :

134

$$H_a = h_1 + h_2 \tag{IV.4}$$

On se propose de garder une valeur constante de H_a égale à 60% de la longueur L et de varier la valeur relative des épaisseurs h_1 et h_2. Dans une marge de variation relative des épaisseurs de 10 à 90% de la valeur de H_a, les résultats sont présentés à la figure IV.25.

Les courbes montrent que, pour optimiser l'utilisation de deux couches dont les résistivités sont très différentes (1 Ω.m, 50 Ω.m), il faut favoriser toujours le volume de la couche la moins résistive et dans le pire des cas il faut qu'elles aient le même épaisseur. Au niveau des courbes obtenues, le point d'intersection coïncide avec le point pour lequel $h_1 = h_2$. C'est le point optimale lorsqu'il s'agit d'utiliser deux types de *LRM*.

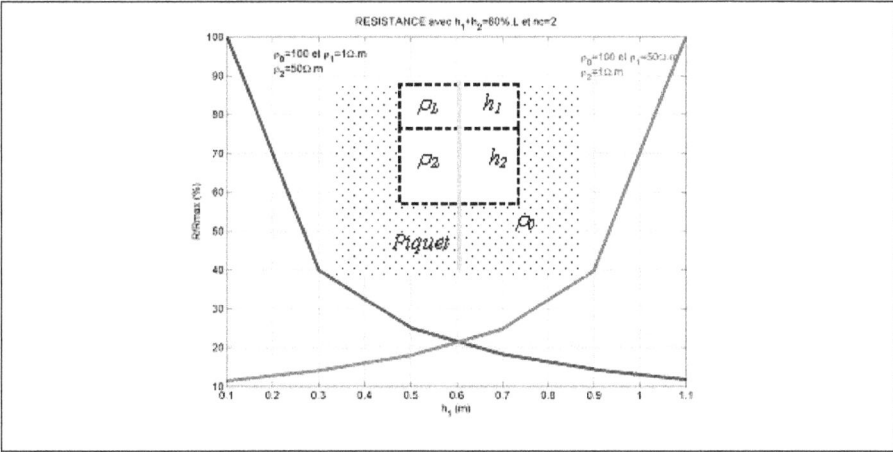

Figure IV.25. Influence de l'épaisseur de deux couches sur l'amélioration de la résistance.

IV.3.3. DUPLICATION DES COUCHES DE MEME RESISTIVITES

On suppose que le sol artificiel est constitué de deux couches artificielles de résistivités ρ_1 et ρ_2 et d'épaisseurs h_1 et h_2. On se propose d'étudier la variation de la résistance équivalente lorsque chacune des couches est subdivisée en plusieurs (n_h) couches en respectant la même résistivité et l'épaisseur sommaire. La transformation proposée, dans le cas de $n_h=2$, est représentée à la figure IV.26.

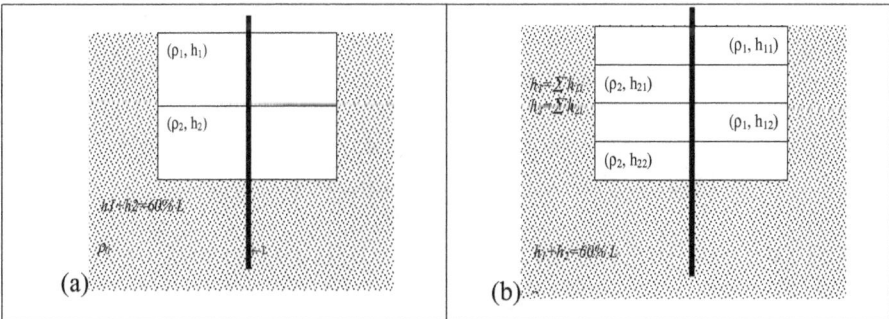

Figure IV.26. Sol artificiel à deux couches (a) et à couches dupliquées (b).

Pour les deux cas où, $\rho_1 < \rho_2$ et $\rho_1 > \rho_2$, on présente les résultats graphiques

136

exprimant la variation de la résistance pour un nombre de couche artificielle allant jusqu'à 9 (figure IV.27) et pour un nombre de couche artificielle allant jusqu'à 30 (figure IV.28). Les résultats ainsi trouvés, montrent que la solution qu'on examine influent sur la valeur de la résistance et cela en fonction du nombre de couche et de leur disposition. Les courbes pour lesquelles les valeurs dépassent le 100%, représentent un mauvais choix puisque la résistance croit. Contrairement, les courbes au dessous de l'ordonnée 100%, représentent un gain au niveau de la valeur de la résistance qui décroît. Les valeurs obtenues s'altèrent aux alentours d'une valeur de convergence. Le gain obtenu est maximal pour le deuxième point de la courbe en couleur rouge, correspondant à un nombre de couche égale à 3. On détecte un gain maximale de (100-99,14)=0,86%.

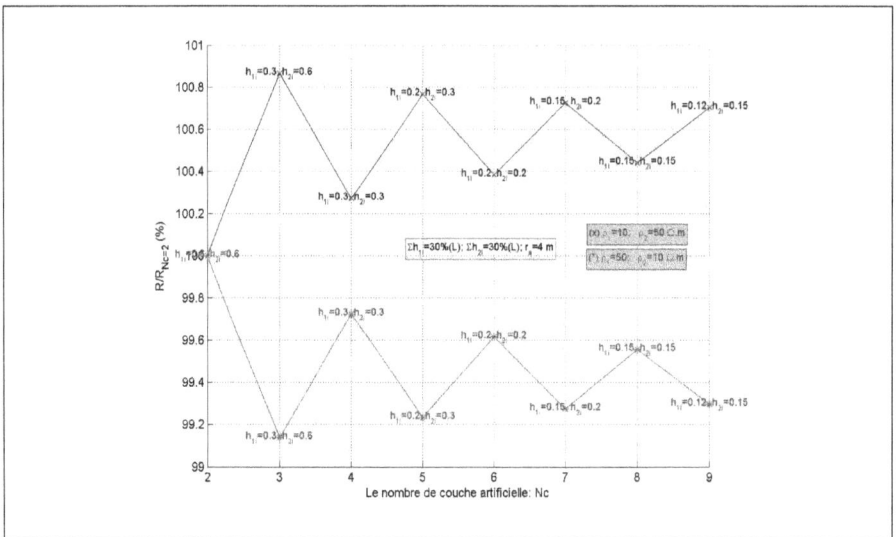

Figure IV.27. Effet de la duplication des couches.

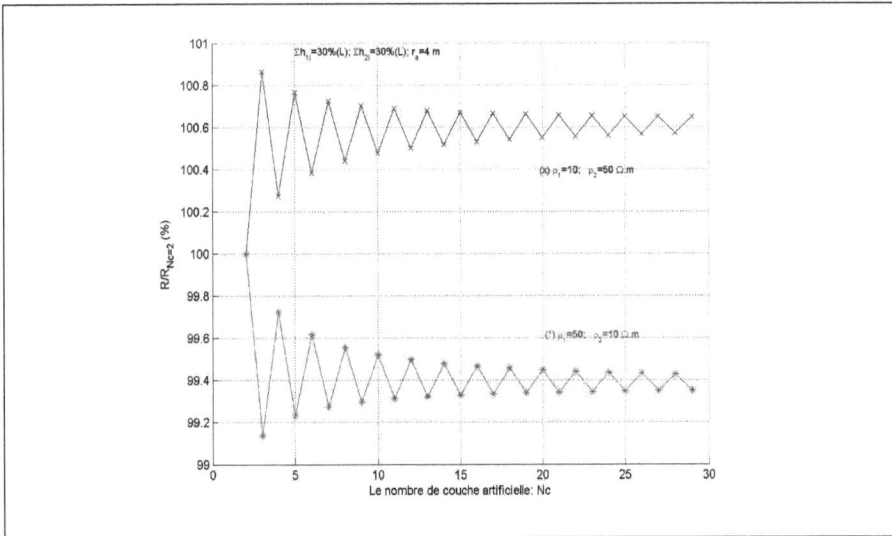

Figure IV.28. Effet de la duplication des couches.

En conclusion, lorsqu'on dispose de deux volumes de couches artificielles il est conseillé de les dupliquer en plusieurs couches en respectant le volume disponible. Les couches obtenues sont à disposer alternativement en terminant par la couche la plus résistive.

IV.4. OPTIMISATION GENERALISEE, APPLIQUEE A UN CAS REEL

La généralisation de l'optimisation sur les projets des prises de terre passe à travers le choix de la ou les techniques utilisées. L'exploitation de chaque technique est spécifiée par des conditions limites, généralement imposées par la qualité du sol de la prise. L'objectif étant toujours le même pour n'importe quelle prise dans n'importe quel pays ou région, mais ce qui change c'est la technique et la qualité du sol. L'objectif doit répondre aux conditions de sécurité imposées par la norme internationale définissant une valeur limite de la résistance de terre. Dans cette partie, on se propose d'étudier le cas réel de la STEG en déterminant la limite d'utilisation de chaque technique et de soulever les quelques critiques pouvant être utiles à remarquer. Dans le réseau de la STEG, on utilise principalement trois techniques de réalisation des prises de terre telles que [9] :

- Prise de terre d'un poste MT/BT aérien ou cabine en terrain normal ou terrain amélioré où on utilise un puit de trois piquets qui représentent les sommets d'un triangle équilatéral (figure IV.29);

- Prise de terre d'un poste MT/BT aérien *SWER*, telle que donnée à la figure IV.30;

- Prise de terre d'un poste MT/BT aérien ou cabine avec terrain rocheux, telle que donnée à la figure IV.31.

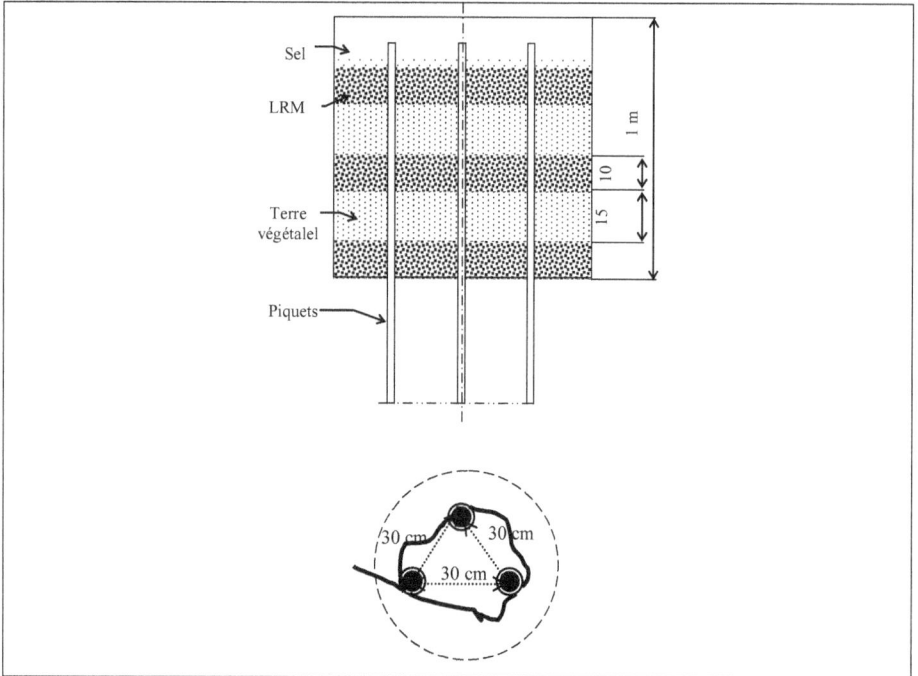

Figure IV.29. Prise de terre en terrain normal (a), avec amélioration du sol (b).

139

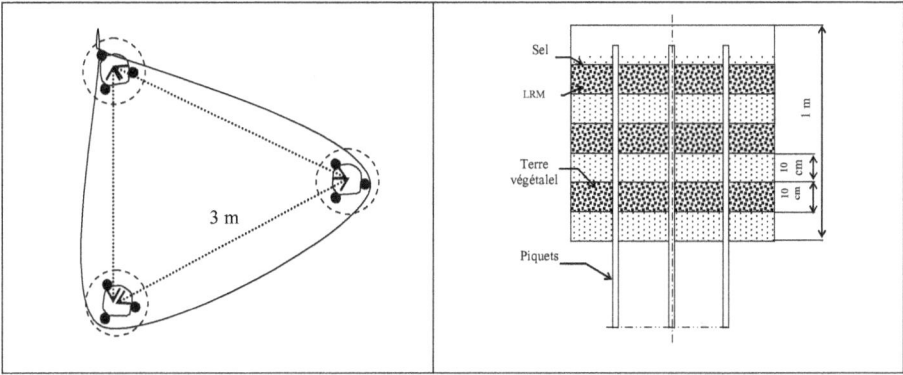

Figure IV.30. Prise de terre pour système SWER.

Figure IV.31. Prise de terre avec sol artificiel multicouche.

Dans tous les cas, on utilise des piquets de longueur 2 mètres, de rayon 17 mm et la résistance du poste par rapport à la terre est fixée à $R \leq 3$ Ω. La distance entre les piquets est $D=30$ cm et la distance entre les puits est de 3 m. En premier lieu, on procède à l'optimisation du passage d'une technique à l'autre. Puis, on soulève les critiques relatives aux techniques utilisées.

IV.4.1. CHOIX DE LA TECHNIQUE

Le passage d'une technique à l'autre est fonction de la nature du terrain. Ce passage doit être justifié pour limiter le coût d'investissement d'une prise de terre, qui dépend de la quantité des électrodes et des travaux au niveau du sol. Dans le tableau IV.2, on résume les résultats de simulation relatifs à la technique de l'utilisation de un puit, de deux puits et de trois puits. Pour chacun des cas, on détermine la résistivité limite permettant de satisfaire la valeur imposée de la résistance : $R \leq 3$ Ω.

Tableau IV.2. Limite d'utilisation des différentes techniques des prises de terre.

Nombre des puits		1	2	3
Résistance d'un piquet ($\rho=1$ Ω.m)	R_0 (Ω)	0,4897	0,4897	0,4897
Nombre des piquets	Np	3	6	9
Coefficient d'utilisation	k_u	0,56	0,47	0,40
R$\leq$ 3 Ω	Limite de la résistivité (Ω.m) $\approx$	$\rho\leq10$	$\rho\leq17$	$\rho\leq22$
Résistance équivalente	R (Ω)	2,9351	2,9430	2,9076

Les résultats de ce tableau sont extrêmement importants pour la réalisation et la vérification des prises de terre. En effet, il suffit de réaliser des mesures réelles de la résistivité du sol pour faire le bon choix entre les trois techniques, ainsi présentées. Par ailleurs, c'est le sol qu'il faut améliorer en utilisant le sol artificiel. En résumé, pour satisfaire la valeur de la résistance mentionnée, il faut :

- Utiliser la technique de un puit, si $\rho(\Omega$.m$)<10$;

- Utiliser la technique de deux puits, si $10\leq\rho(\Omega$.m$)<17$;

- Utiliser la technique de trois puits, si $17\leq\rho(\Omega$.m$)<22$;

- Utiliser la technique de un puit avec sol artificiel, si $22\leq\rho(\Omega$.m$)$.

IV.4.2. DISCUSSION DES TECHNIQUES PROPOSEES

IV.4.2.1. Prise avec sol ordinaire

Le premier critère qui reflète le bon choix d'une technique est la valeur du coefficient d'utilisation qui doit être proche de l'unité. Selon le tableau précédent, dans les trois cas de disposition des piquets, le coefficient d'utilisation est faible (de 0,4 à 0,56). Étant donnée que l'augmentation de la distance de séparation améliore la valeur de la résistance, donc le meilleur des cas est de tester la solution pour laquelle on augment la distance D avec réduction du nombre de piquets. Par exemple, le cas de trois puits dont chacun contient un seul piquet et celui de 6 puits équidistants de un piquet chacun, en ajoutant un puit entre deux, comme c'est indiqué à la figure IV.32. Dans le tableau IV.3, on résume les résultats obtenus pour les différents cas.

Tableau IV.3. Améliorations proposées des techniques utilisées.

Résistivité limite, ρ (Ω.m)		<10	<16	<17	<20	<22	>22
Caractéristiques de la prise	nT	1	3	2	6	3	Nécessité d'un sol artificiel.
	Np	3	3	6	6	9	
	D (m)	0,3	3	0,3	1,5	0,3	
Résultats de calcul pour I=1 (A) et ρ=1 (Ω.m).	k_u	0,56	0,87	0,47	0,56	0,41	
	R (Ω)	0,2935	0,1874	0,1731	0,1449	0,1322	
	DDP (V)	0,1975	0,1485	0,1068	0,1072	0,0962	

Les meilleures valeurs se trouvent dans les cases vertes, alors que les mauvaises sont dans les cases rouges. En fait, pour détecter la solution optimale, il faut pondérer chaque valeur de nT et de Np par le coût d'achat et d'installation.

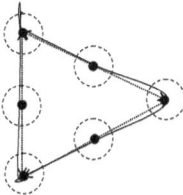

Figure IV.32. Cas de six puits avec six piquets.

IV.4.2.2. **Prise avec sol artificiel**

Dans les deux cas des figures IV.29 et IV.31, le volume du sol artificiel est composé de la superposition alternée de deux types de couche. La première couche est celle du coke ou charbon de résistivité ρ_1 : c'est le *LRM* et la deuxième est celle de terre végétale de résistivité ρ_2. Le volume du sol artificiel est de profondeur H_a=60 cm ce qui correspond à 30% de la valeur de L. Cette valeur est loin de la valeur optimale correspondant à une proportion entre 50 et 60%. Le rapport des épaisseurs des couches est non optimisé pour le cas de la figure IV.25 (b) où $h_i \neq h_j$. De plus, il est conseillé d'inverser l'ordre des couches d'après les résultats obtenus à la section §IV.3.3. La résistivité d'une terre végétale varie de 5 à 50 Ω.m et les résultats de calcul pour les deux cas de sol artificiel sont résumés dans le tableau IV.4.

Tableau IV.4. Résistivité optimale du LRM d'une prise artificielle.

Prise, selon :	La figure IV.29.	La figure IV.31.
ρ_0 (Ω.m)	100	300
ρ_2 (Ω.m)	De 5 à 50	De 5 à 50
h_1 (m)	0,3	0,3
h_2 (m)	0,45	0,3
h_{1i} (m)	0,1	0,1
h_{2i} (m)	0,15	0,1
ρ_1 (Ω.m) ?	0,009	0,0085
R (Ω)	2,99	2,93

IV.5. **CONCLUSION**

Les résultats de ce chapitre sont obtenus grâce à l'exploitation des résultats du troisième chapitre dans lequel, l'analyse des prises de terre dans un sol multicouche est bien simplifiée. Ces résultats contribuent à l'optimisation de la technique et des éléments constitutifs de réalisation des prises de terre dans un sol quelconque.

Le premier facteur dont dépend le choix de la solution optimale est la résistivité électrique du sol. À la lumière de sa marge de variation, une technique donnée peut être jugée valable ou pas. Ainsi, pour des techniques imposées, on peut établir les limites d'utilisation de chacune d'elles. Le passage d'une technique à l'autre est donc justifié et optimisé, en particulier le passage à la modification du sol. Lorsque le choix de la technique de réalisation est libre, l'utilisateur peut, à partir des abaques présentés, choisir sa bonne technique selon ses propres contraintes.

Pour les prises de terre réalisées avec le modèle de sol multicouche, on a essayé d'aborder le maximum de résultats qui touchent à la structure générale comme par exemple, l'importance du nombre de couche, la proportionnalité des résistivités, la proportionnalité des épaisseurs etc. Cependant, dans un cas pratique il faut définir une technique de base pour pouvoir optimiser ses éléments.

Les résultats ainsi trouvés, contribuent à la conception et à l'optimisation des nouveaux projets de prises de terre et au calcul de vérification des anciennes prises.

CONCLUSION GENERALE

CONCLUSION GENERALE

Dans un système électrique, les conditions de sécurité, définies par les normes internationales, exigent des valeurs limites des différences de potentiel pouvant surgir dans les zones accessibles. Les différences de potentiel sont efficacement réduites lorsqu'une bonne équipotentialité est réalisée. L'équipotentialité dans le système lui même est importante mais on ne peut en aucun cas ignorer ou négliger celle du système avec le milieu extérieur qui est la terre. La modélisation du gradient de potentiel dépend du domaine fréquentiel correspondant. Les éléments envisagés pour la liaison équipotentielle sont considérés partie prenante du système de masses en liaison avec la terre et devrant être étudié particulièrement dans le régime quasi statique (régime de fréquence industrielle). Un tel système, contient généralement une électrode de terre avec ou sans maillage, constituant ainsi la prise de terre. La liaison à la terre doit assurer un cheminement facile et rapide des courants de défaut et de fuite. Par ailleurs, les appareils de protection associés à la prise de terre ne peuvent pas assurer les conditions de sécurité demandées.

En régime quasi statique, l'efficacité d'une prise de terre à l'évacuation des courants vers la terre est déterminée à travers sa résistance par rapport à la terre lointaine. Une telle efficacité est d'autant plus meilleure que la résistance de la prise est faible. La réduction de la résistance de terre est possible par augmentation de la surface de contact métallique avec la terre. Ainsi, plusieurs techniques de prises de terre sont envisagées et pour lesquelles la limite d'application est en fonction de la résistivité du sol.

La résistivité du sol est le facteur le plus liée à la notion des prises de terre car c'est lui seul qui impose le type de l'électrode de terre, la nature du sol et par conséquent le modèle théorique adéquat. Dans un cas pratique, la résistivité est considérée comme la moyenne de plusieurs mesures devrant être effectuée autours de la prise envisagée. Une telle moyenne présente sans doute une erreur par rapport à la valeur effective de la résistivité. Dans notre étude expérimentale, on a dû changer la valeur moyenne mesurée par une autre valeur calculée à partir de la moyenne des résistances de la prise de terre. La marge retrouvée étant de (90,65-53,89=36,76 Ω.m) ce qui correspond à une augmentation de la résistance de 168%. La résistivité du sol est caractérisée par sa grande variabilité est des mesures de contrôle cycliques sont demandées.

Lorsque la valeur de la résistivité ne permet pas la valeur demandée de la résistance, il faut améliorer la solution proposée. L'amélioration, en premier lieu, est assurée par la mise en parallèle d'un groupement d'électrodes. Un tel groupement met en évidence la notion du coefficient d'utilisation qui est un coefficient correctif de la valeur de la résistance équivalente par rapport à la valeur ordinairement obtenue des résistances en parallèle. Ce coefficient est inférieur à l'unité dont la valeur augmente lorsque la distance qui sépare les électrodes augmente aussi. Il contribue au calcul de la résistance équivalente du groupent et à l'optimisation de la technique de séparation et de disposition des électrodes du même groupement. La valeur minimale de la résistance est obtenue pour des distance de séparation des piquets, théoriquement, infinie. À cette distance, le coefficient d'utilisation est égale à l'unité : la valeur maximale possible. Lorsque le coefficient d'utilisation est proche de l'unité, cela veut dire que la résistance mutuelle entre les piquets est négligeable, ce qui correspond théoriquement à la terre lointaine. À partir de l'étude expérimentale, on a choisie la valeur double - longueur du piquet. Il arrive que, même pour une telle valeur de séparation des piquets, il est impossible de satisfaire la valeur de la résistance demandée. Une situant pareil exige l'amélioration de la conductivité du sol aux alentours de la prise de terre par l'ajout d'un sol artificiel de faible résistivité. Dans ce cas le sol présente un modèle multicouche de plusieurs résistivités.

En présence d'un sol multicouche, les modèles de calcul changent par rapport au cas de sol ordinaire monocouche. Les méthodes paramétriques exactes donnent des formules de calcul du gradient de potentiel et de la résistance de terre mais pour le cas de sol bicouche en supposant que le volume correspondant est semi fini. Au-delà de deux couches, l'exploitation de telles méthodes est impossible et sont remplacées par des formules paramétriques approximatives. Ces dernières, prennent en charge le modèle de sol multicouche mais dont le volume est toujours semi fini : seul l'épaisseur de la couche est prit en considération.

Pour généraliser la modélisation des prises de terre pour une forme quelconque de l'électrode de terre et une forme quelconque des couches de sol ajoutées, actuellement la BEM représente la méthode numérique qui intéresse les chercheurs et les spécialistes. Quoique, cette méthode présente un gain en temps et en mémoire de calcul par rapport à la FDM, l'effort de calcul reste toujours contraignant et limite sérieusement les travaux actuels. D'autre spécialistes ont remarqué le style « parallèle » dans le calcul des prises de terre et son implantation sur des machines parallèles a fait gagner quelques secondes du temps de traitement. Les performances demandées et le coût de telles machines présentent encore des obstacles pour les individus chercheurs ou spécialistes pour concrétiser et avancer leurs travaux.

À la lumière de ces limitations, on a présenté une nouvelle approche permettant de revaloriser les formules paramétriques simplifiées et utilisées pour des volumes semi finis. La réintégration de ces formules pour le cas de sol multicouche de volume fini est à présent possible grâce à la notion de l'approximation VF-VSF. Cette approximation obtenue par l'application du PCV. L'idée du PCV est inspirée depuis la notion de terre lointaine. La méthode en conséquence est la MPAA qui présente une formule paramétrique valable pour le modèle de sol multicouche et de volume fini. Une telle approche est une nouveauté extrêmement intéressante puisqu'elle facilite le calcul et surmonte le problème de temps de traitement.

Grâce au PCV, toutes les formules paramétriques simplifiées peuvent être adaptées pour intégrer les dimensions radiales du puit de terre dont les valeurs sont finies ou infinies. Ces formules doivent être validées analytiquementau préalable. La formule en conséquence, permet l'élaboration des réseaux de courbes, des abaques et le calcul des cas réellement utilisés dans les réseaux électriques, comme on l'a fait pour le cas de la STEG. En outre, tests et des courbes d'évaluation des techniques utilisées sont présentés avec des recommandation et conclusions d'ordre pratique.

Une nouvelle aire de travaux d'optimisation et de généralisation de la MPAA sur les différentes formes des prises de terre s'ouvre pour des travaux en perspectives.

REFERENCES BIBLIOGRAPHIQUES

REFERENCES BIBLIOGRAPHIQUES

[1] W. KNOIT, "L'installation d'électrodes de mise à la terre," MAITRE ELECTRICIEN, Février 1983.

[2] V. BOURG ZDOF & A. JACOBS, "Dispositifs de mise à la terre des installations électriques," ENERGIE, MOSCOW, 1987.

[3] P. DOLLIN, "Techniques de sécurité en électrotechnique," ENERGIE, MOSCOW, 1984.

[4] Y. RAJOTTE, J. FORTIN, B. CYR, G. Raymond, "Caractérisation de la mise à la terre des lignes rurales MT sur le réseau d'Hydro Québec," IEE 97, CIRED 97, 2-5 Juin 1997.

[5] H. NEY, "Electrotechnique et normalisation : 4 équipements de puissance," NATHAN Technique, Avril 1988.

[6] A. ZARROUKI, M. JAVORONKOV, "Vers une stratégie de contrôle des prises de terre," Sousse Nord, Tunisie, JTEA 2002.

[7] A. ZARROUKI, F. GHODBANE, M. JAVORONKOV, "Contribution in earth grounding and equipotential surfaces modelling ", CESA 2003, Lille, France, 9-11 Juillet 2003.

[8] A. ZARROUKI, F. GHODBANE, M. JAVORONKOV, "Calculation and modelling of earth grounding", ISEF 2003, Maribor, Slovinia, 18-20 Septembre 2003.

[9] STEG, "Mise à la terre des réseaux MT et BT de la distribution", Guide Technique, Tunisie, 1993

[10] Colin G. Farquharson and Douglas W. Oldenburg, "An integral equation

solution to the geophysical electromagnetic forward-modelling problem", UBC – Geophysical Inversion Facility, Department of Earth & Ocean Sciences, university of British Columbia, Vancouver, Canada, February 2001.

[11] M.H. Loke; "Electrical imaging surveys for environmental and engineering studies"; www.agiusa.com.

[12] Article: "les prises de terre: théorie, pratique et matériel" ; CATU SA BP. 2 - 92222 BAGNEUX Paris.

[13] Hayet CHAABANI, "Protection du réseau basse tension contre les surtensions", DEA, Laboratoire des Systèmes Electriques (LSE), ENIT, 2003, Tunisie.

[14] R. CALVAS, J. DELABALLE ; "Coexistence courants forts - courants faibles", CT 187, Schneider electric, mars 2000.

[15] R. CALVAS, "Les perturbations électriques en BT", CT 141, Schneider electric, janvier 1999.

[16] C. GHARDADDOU, "Sur la mise à la terre Caractéristiques et Conséquences", Colloque de recherche appliquée et de transfert de technologie, ISET Rades, 11 – 12 décembre 2002.

[17] M. AGUET, M. IANOZ, "Traité d'électricité, Vol XXII– Haute tension", Presses polytechniques et universitaires romandes, 1987.

[18] B. Lacroix, R. Calvas, "Les schémas des liaisons à la terre", CT 172, Schneider electric, Septembre 1998.

[19] Tom Shaughnessy; PowerCET, SantaClara, California "Transferred Earth Potential"; Power Quality Assurance magazine, March/April 1998, pp. 72-73. (www.powerquality.com)

[20] Y. Rajotte, J. Fortin, B. Cyr ; "Lighting over voltages on LV network fed by MV

lines with a multigrounded neutral" ; CIRED 99.

[21] T. DEBU, "Lignes aériennes. Paramètres électriques", Techniques de l'ingénieur, traité Génie électrique, D 4 435, 9 – 1996.

[22] Electrical Contractor's Association (Canada); "Men system earthing needs – more care to avoid shock"; Electrical Safety Office of the Department of Mineral and Energy. (07)3252 748.

[23] S. AKKARI, "Etude de la répartition du potentiel à la surface du sol autour des supports métalliques BT", rapport d'étude, STEG- région de distribution centre, août 1990.

[24] S. AKKARI, " Surtension sur le R.B.T. causée par le neutre déconnecté", rapport d'étude, STEG- région de distribution centre, août 1990.

[25] M.C. Costa, M. L. P. Filho, Y. Maréchal, JL. Coulomb, J.R. Cardoso, "Optimization of grounding grids by response surfaces and genetic algorithms", IEEE Transactions on magnetic, vol. 39, No. 3, may 2003.

[26] J. H. SAÏAC, "Mathématiques pour l'électricien – Méthodes numériques", Techniques de l'ingénieur, traité Génie électrique, D 36, 8 – 1999.

[27] Francis Bossu, Alain Guignabel, Bernard Lallemand, Eric Lamidieu, Alain Moutray et Michel Rochon, "La sécurité des machines", Intersection : le magazine de l'enseignement technologique et professionnel, Schneider Electric, Novembre 1999.

[28] A. CHAROY, "Compatibilité électromagnétique – Parasites et perturbations des électroniques-", Tome 1, "Sources Couplages et Effets», Dunod, Paris, 1992.

[29] A. CHAROY, "Compatibilité électromagnétique – Parasites et perturbations des électroniques-", Tome 2, "Terres, Masses et Câblages", Dunod, Paris, 1992.

[30] F. GARDIOL, "Traité d'électricité, Vol III– Electromagnétisme», Presses

polytechniques et universitaires romandes, 1987.

[31] NFC 15 100, Legrand, 1991.

[32] NFC 13 100, Juin 1983.

[33] Colin G. Farquharson (CGU) and Douglas W. Oldenburg (CSEG), "Simultaneous one-dimensional inversion of electromagnetic loop-loop data for magnetic susceptibility and electrical conductivity", UBC – Geophysical Inversion Facility, Department of Earth & Ocean Sciences, university of British Columbia, Vancouver, Canada, http://w.w.w. geop.ubc.ca/ubcgif.

[34] A. ROUSSEAU, "Parafoudre basse tension", Techniques de l'ingénieur, traité Génie électrique, D 4 840, 11 – 1997.

[35] J. Delaballe, F. Vaillant, "La compatibilité électromagnétique", CT 149, Schneider electric, mars 1999.

[36] R. Calvas, "Perturbations des systèmes électroniques et schémas des liaisons à la terre», CT 177, Schneider electric, septembre 1995.

[37] B. De Metz Noblat, "La foudre et les installations électriques HT», CT 168, Schneider electric, juillet 1993.

[38] S. Logiaco, "Etude de sûreté des installations électriques», CT 184, Schneider electric, janvier 1999.

[39] E. Cabau, "Introduction à la conception de la sûreté", CT 144, Schneider electric, juin 1999.

[40] M. Durand, J.-N. Fiorina, "Protection des personnes et alimentations statiques sans coupure", CT129, Schneider electric, mai 1991.

[41] M. Lemaire, "Sûreté des protections en MT et HT", CT175, Schneider electric,

mars 1995.

[42] C. Seraudie, "Surtensions et parafoudres en BT, coordination de l'isolement en BT", CT179, Schneider electric, septembre 1995.

[43] R. Calvas, "Les dispositifs différentiels résiduels", CT114, Schneider electric, février 1998.

[44] B. Lacroix, R. Calvas, "Les schémas des liaisons à la terre dans le monde et évolutions", CT173, Schneider electric, septembre 1998.

[45] F. P. Dawalibi and D. Mukhedkar, "Optimum design of substation grounding in two layer earth structure-Part I, Analytical study", IEEE Trans. Power App. Syst. Vol. PAS-94, Mar./Apr. 1975.

[46] Mario L. Pereira, Fl, and Jose R. Cardoso, "Modeling of Ground Grids in Multilayer Soils Using Complex Images", COMPUMAG, Saporo, Japan, 1999, pp 782-783.

[47] Li, Z. ; Yuan, J. ; Zhang, L. Lu, J. "The Simulated Calculation of Power Station Grounding Systems with Grid and Driven Rods Based on an Equivalent Image Method", 11 ª COMPUMAG, November, 03-06, 1997, Rio de Janeiro - Brazil

[48] Cardoso, J. R. ; Ribeiro, F. S. ; Gambirasio, G. O, "Método dos Elementos Finitos no Modelamento de Sistemas de Aterramento em Solos de Múltiplas Camadas", Anais do IX SNPTEE, Belo Horizonte, 1987.

[49] Vujevic, S.; Kurtovic, M. "Numerical Analysis of Earthing Grids Buried in Horizontally Stratified Multilayer Earth", Int. Journal for Numerical Methods in Engineering, Vol 41, pp 1297 – 1319, 1998.

[50] Dr. Richard L. Cohen, Panamax, "United states practices to protect people and equipment against lighting", "Lightning Protection '98" Conference, Solihull, UK,

May 6–7, 1998

[51] José Eduardo Telles Villas and Carlos Medeiros Portela, "Calculation of electric field and potential distributions into soil and air media for ground electrode of HVDC system", IEEE Trans. On Power Delivery, Vol. 18, No. 3, July 2003.

[52] Jinxi MA, Farid P. DAWALIBI, "Analysis of grounding systems in soils with finite volumes of different resistivity", IEEE Trans. On Power Delivery, vol. 17, no. 2, April 2002.

[53] Ignasi Colominas, Fermin Navarina and Manuel Casteleiro, "A numerical formulation for grounding analysis in stratified soils", IEEE, Trans. Power Delivery, vol. 17, no. 2, pp. 587-595, Apr. 2002.

[54] M. L. Pereira Filho, J. R. Cardoso, "Modeling of ground grid in multilayer soils using complex images", in Proc. COMPUMAG, pp. 782-783, Sapporo, Japan, 1999.

[55] Jinxi MA, Farid P. DAWALIBI, "Analysis of grounding systems in soils with cylindrical soil volumes", IEEE Trans. On Power Delivery, vol. 15, no. 3, pp. 913-918, July 2000.

[56] S. VISACRO F, M. H. M. VALE, M. A. S. BIRCHAL, "Application of Parallel Programming for Design of concrete enhanced grounding electrode", VIII Symposium of Specialists in Electric Operational and Expansion Planning (SEPOPE), 2002, Brasilia, Brazil.

[57] Roberto Andalfato, Luca Bernardi and Lorenzo Fellin, "Aerial and grounding system analysis by the shifting complex images method", IEEE Tran. On Power Delivery, vol. 15, no. 3, pp. 1001-1009, July 2000.

[58] José A. Brandão Faria, "The effect of longitudinally varying soil conductivity on the ground-mode low frequency propagation parameters of overhead power lines", IEEE Tran. On Power Delivery, vol. 17, no. 2, pp. 630-637, April 2002.

[59] Jinliqng Hem Rong Wengm Yqnaing Gao, Youping Tu, Weimin Sun, Jun Zou and Zhicheng Guan, "Seasonal influences on safety of substation grounding system", IEEE Trans. On Power Delivery, Vol. 18, No. 3, pp. 788-795, July 2003.

[60] Jovan Nahman and Ivica Ponovic, "Safety conditions in manholes in the vicinity of substations", IEEE Trans., on Power Delivery, Vol. 18, No. 3, pp. 758-761, July 2003.

[61] W. C. Boaventura, I. J. S. Lopes, P S. A. Rocha, R.M. Coutinho, F. Castro Jr. and F. C. Dart, "Testing and evaluating grounding systems of high voltage energized substations: alternative approaches", IEEE Trans., on Power Delivery, Vol. 14, No. 3, pp. 923-927, July 1999.

[62] Qingbo Meng, Jinliang He, F. P. Dawalibi, J. Ma, "A new method to decrease ground resistances of substation grounding systems in high resistivity regions", IEEE Trans., on Power Delivery, Vol. 14, No. 3, pp. 911-916, July 1999.

[63] J. Hoeffelman, "Neutral earthing in LV networks", CIRED 2001 - Round Table - Neutral earthing in LV networks, Tuesday 19 June 2001.

[64] J. B. M. van Waes, "Neutral earthing in LV networks", CIRED 2001 - Round Table - Neutral earthing in LV networks, Tuesday 19 June 2001.

[65] T. Niemand, "Neutral earthing in LV networks", CIRED 2001 - Round Table - Neutral earthing in LV networks, Tuesday 19 June 2001.

[66] Y. Rajotte, "Neutral earthing in LV networks", CIRED 2001 - Round Table - Neutral earthing in LV networks, Tuesday 19 June 2001.

[67] J. Michaud, "Neutral earthing in LV networks", CIRED 2001 - Round Table - Neutral earthing in LV networks, Tuesday 19 June 2001.

[68] "Development of a CAD system based on a BEM approach for Earthing Grids in

Stratified Soils" I. Colominas, F. Navarrina, J. Aneiros, M. Casteleiro (Proceedings of the "VII International Conference on Enhacement and Promotion of Computational Methods in Engineering and Science", Macao, 1999) Publicado en "Computational Methods in Engineering and Science", 975---986. J. Bento, E. Arantes e Oliveira, E. Pereira (Editors); Elsevier Science Ltd., Oxford, UK.

[69] Reyer Venhuizen, KEMA, "Earthing & EMC: A Systems Approach to Earthing", Power Quality Application Guide, T&D Power, May 2002

[70] Kenneth R. BuShea, P.E., Harry J. Tittel, E.E, "Introduction to the Basics of Electrical Grounding for Power Systems", TEAMWORKnet, Inc, September 5, 2002, www.teamworknet.com.

[71] IEEE Std 142-1991, "IEEE Recommended Practice for Grounding of Industrial and Commercial Power Systems", December 9, 1991

[72] Marcos André da Frota Mattos, "Common Mode Voltage Generated by Grounding Grids, a Time Domain Solution", 2003 IEEE Symposium on Electromagnetic Compatibility, www.okime.com.br, www.emc2003.org.

[73] P.M. van Oirsouw, F. Provost,"Safety: a very important factor in cost-optimal low-voltage distribution network design", 16th International Conference on Electricity Distribution, (CIRED), 18-21 June 2001, paper 5.4

[74] Carlos T. Mata, Mark I. Fernandez, Vladimir A. Rakov, and Martin A. Uman, "EMTP Modeling of a Triggered-Lightning Strike to the Phase Conductor of an Overhead Distribution Line", IEEE TRANSACTIONS ON POWER DELIVER, VOL. 15, NO. 4, OCTOBER 2000.

[75] US DEPARTMENT OF DEFENSE, WASHINGTON DC 20301, "Military handbook grounding, bonding, and shielding for electronic equipments and facilities", Volume II of 2 volumes, Applications, MIL-HDBK-419A, 29 December 1987

[76] United States, Department of Agriculture, Rural Utilities Service, "Design Guide for Rural Substations", RUS Bulletin 1724E-300, June 2001.

[77] Bas Verhoeven KEMA, "UTILITY ASPECTS OF GRID CONNECTED PHOTOVOLTAIC POWER SYSTEMS", EA PVPS, International Energy Agency, Implementing Agreement on Photovoltaic Power Systems, Task V, Grid Interconnection of Building Integrated and Other Dispersed Photovoltaic Power Systems, Report IEA PVPS T5-01:1998, December 1998.

[78]. J. Ma, F. P. Dawalibi, and W. K. Daily, "Analyses of grounding systems in soils with hemispherical layering", IEEE Transactions on Power Delivery, vol. 8, no. 4, pp. 1773-1781, Oct. 1993.

[79]. S. S. Bamji, A. T. Bulinski, and K. M. Prasad, "Electrical Field calculations with the Boundary Element Method", IEEE Transactions on Electrical Insulation, vol. 28, no. 3, pp. 420-424, June 1993.

[80]. Jaques-Hervé SAÎAC, "Mathématiques pour l'électricien - Méthodes numériques», Traité Génie électrique, D 36, 8 - 1999.

[81]. R. J. Heppe, "Computer aided design of a thyroidal ground electrode in a two layer soil", IEEE Trans. Power Apparatus. Syst., vol. PWRD-2. pp. 744-749, July 1987.

[82]. A. J. McPhee, B. Klimpke and S. J. MacGregor, "Use of the boundary element method for pulsed power electromagnetic field designs", www.integratedsoft.com.

[83]. J. Lopez-Roldan, P. Ozers Reyrolle, T. Judge, C. Rebizant, R.Bosch, J. Munoz, "Experience using the boundary element method in electrostatic computations as a fundamental tool in high voltage switchgear design", www.integratedsoft.com.

[84] http://www.erico.com/products.

[85] "Understanding Ground Resistance Testing", Chauvin Arnoux, Inc. d.b.a. AEMC Instruments, Workbook Edition 8.0, USA, www.aemc.com.

[86] A. ZARROUKI, F. GHODBANE, M. JAVORONKOV, "Calcul de la limite d'utilisation d'un groupement de piquets de terre en sol ordinaire", Conférence Tunisienne de Génie Electrique CTGE'2004, Tunis, 19-21 Février 2004.

[87] J. Ma, F. P. Dawalibi, and R. D. Southey, "On the equivalence of uniform and two-layer soils in the analysis of grounding systems", Proc. Inst. Elect. Eng.-Gen., Transmiss. Distribut., vol. 143, no. 1, pp. 49-55, Jan. 1996.